Schriftenreihe aus dem Institut für Strömungsmechanik

Herausgeber
J. Fröhlich, S. Odenbach, K. Vogeler

Institut für Strömungsmechanik
Technische Universität Dresden
D-01062 Dresden

Band 6

Mario Künzelmann

Aktive Strömungskontrolle an einem 1.5 stufigen Axialverdichter mit variierendem Rotorspalt

TUDpress
2014

Die vorliegende Arbeit wurde am 15. Juni 2012 an der Fakultät Maschinenwesen der Technischen Universität Dresden als Dissertation eingereicht und am 30. Oktober 2013 erfolgreich verteidigt.

This work was submitted as a PhD thesis to the Faculty of Mechanical Science and Engineering of TU Dresden on 15 June 2012 and successfully defended on 30 October 2013.

Gutachter | Reviewers
Prof. Dr.-Ing. Konrad Vogeler, TU Dresden
Prof. a.D. Dr.-Ing. Günter Kosyna, TU Braunschweig

Bibliografische Information der Deutschen Nationalbibliothek
Die Deutsche Nationalbibliothek verzeichnet diese Publikation in der Deutschen Nationalbibliografie; detaillierte bibliografische Daten sind im Internet über http://dnb.d-nb.de abrufbar.

Bibliographic information published by the Deutsche Nationalbibliothek
The Deutsche Nationalbibliothek lists this publication in the Deutsche Nationalbibliografie; detailed bibliographic data are available in the Internet at http://dnb.d-nb.de.

ISBN 978-3-944331-41-6

Verlag der Wissenschaften GmbH
Bergstr. 70 | D-01069 Dresden
Tel.: 0351/47 96 97 20 | Fax: 0351/47 96 08 19
http://www.tudpress.de

Gesetzt vom Autor. | Typeset by the author.
Printed in Germany.

Aktive Strömungskontrolle an einem 1.5 stufigen Axialverdichter mit variierendem Rotorspalt

Dissertation

Der
Fakultät Maschinenwesen
der
Technischen Universität Dresden

Zur Erlangung des akademischen Grades
Doktor-Ingenieur (Dr.-Ing.)

vorgelegte Dissertation
von

Dipl.-Ing. Mario Künzelmann
geboren am: 25.12.1980

1. Gutachter: Prof. Dr.-Ing. Konrad Vogeler
2. Gutachter: Prof. a.D. Dr.-Ing. Günter Kosyna

Danksagung

Ich möchte die Gelegenheit nutzen, denen zu danken, die mich bei der Erstellung dieser Arbeit unterstützt und begleitet haben.

Ich widme diese Arbeit meinen Eltern Elvira und Klaus Künzelmann, meinem Bruder André Künzelmann, meinen Großeltern Betty (†) und Oberingenieur Erich Künzelmann (†) sowie Illa und Heinz Kaufmann.

Herzlich bedanken möchte ich mich bei den Herren Professor Vogeler und Professor Kosyna für die Unterstützung und Betreuung dieser Dissertation. Besonders bedanke ich mich bei meinen Betreuern Dr. Ralf Müller und Dr. Ronald Mailach für die wissenschaftliche Unterstützung dieser Arbeit. Mein Dank gilt ebenso den Mitarbeitern des Instituts für Strömungsmechanik, insbesondere Herrn André Löffler, für die konstruktive Begleitung der Arbeit. Mein Dank gilt ebenso dem Werkstatt-Verbund Mollier-Bau, vor allem Herrn Thomas Hofmann, für die fertigungstechnische Unterstützung.

Weiterhin bedanke ich mich für den Support der Firma *NUMECA Ingenieurbüro* bei Herrn Dr. Thomas Hildebrandt und besonders bei Herrn Peter Thiel für die rege Zusammenarbeit und die Entwicklung von Lösungsansätzen und deren Umsetzung. Mein Dank gilt ebenso meinen Freunden, die mich immer wieder aufs neue motivierten und mir so auch in schwierigen Situationen die Kraft zur Fertigstellung dieser Arbeit gegeben haben.

Das Beste zum Schluss. Von ganzem Herzen danke ich meiner Freundin und Lebenspartnerin Kristin. Du hast mich fast über den gesamten Bearbeitungszeitraum intensiv unterstützt, gabst mir Kraft und warst auch in Zeiten höchster Beanspruchung für mich da. Dafür möchte ich mich hier bei Dir noch einmal bedanken.

Inhaltsverzeichnis

Abbildungsverzeichnis

Tabellenverzeichnis

Symbolverzeichnis

Lateinische Buchstaben

a	Schallgeschwindigkeit	$[\mathrm{m} \cdot \mathrm{s}^{-1}]$
b	Kröpfungslänge des Sondenkopfes (stromauf aus Drehachse) und Injektorbreite	[m]
c	(Absolut-) Geschwindigkeit	$[\mathrm{m} \cdot \mathrm{s}^{-1}]$
$\mathrm{c_p}$	spezifische Wärmekapazität bei konstantem Druck	$[\mathrm{J} \cdot \mathrm{kg}^{-1}\mathrm{K}^{-1}]$
$\mathrm{c_v}$	spezifische Wärmekapazität bei konstantem Volumen	$[\mathrm{J} \cdot \mathrm{kg}^{-1}\mathrm{K}^{-1}]$
d	Durchmesser	[m]
e	(innere) Energie	$[\mathrm{J} \cdot \mathrm{kg}^{-1}]$
exp	approximierter Exponent	[-]
f	Frequenz	$[\mathrm{s}^{-1}]$
h	Enthalpie	$[\mathrm{J} \cdot \mathrm{kg}^{-1}]$
k	turbulente kinetische Energie	$[\mathrm{m}^2 \cdot \mathrm{s}^{-2}]$
l	Länge, Mischungsweglänge	[m]
$\dot{\mathrm{m}}$	Massenstrom	$[\mathrm{kg} \cdot \mathrm{s}^{-1}]$
n	Drehzahl	$[\mathrm{min}^{-1}]$
p	Druck	[Pa]
$\mathrm{p_s/p_{tot}}$	Druckverhältnis (statisch/total) nach Weigl et al. [73]	[-]
$\mathrm{p_1 ... p_5}$	Druck an den Bohrungen der Fünflochsonde	[Pa]
r	Radius	[m]
s	Entropie	$[\mathrm{J} \cdot \mathrm{kg}^{-1}]$
$\frac{\mathrm{s}}{\mathrm{t}}$	Teilungsverhältnis	[-]
t	Zeit	[s]
$\mathrm{t_{Rotor}}$	Periodendauer einer Rotorschaufelwiederholung	[s]
u	Umfangsgeschwindigkeit	$[\mathrm{m} \cdot \mathrm{s}^{-1}]$
u, v, w	Geschwindigkeitskomponenten in kartesischen Koordinaten	$[\mathrm{m} \cdot \mathrm{s}^{-1}]$
v	spezifisches Volumen	$[\mathrm{m}^3 \cdot \mathrm{kg}^{-1}]$
w	Relativgeschwindigkeit	$[\mathrm{m} \cdot \mathrm{s}^{-1}]$
x, y, z	kartesische Koordinaten, beliebige Größen	[-]
y^+	normierter Wandabstand	[-]
A	Fläche	$[\mathrm{m}^2]$
A^*	kritischer Querschnitt	$[\mathrm{m}^2]$

F	Fehler	[-]
K	Kalibrierfaktor	[-]
$\mathrm{K}_\delta, \mathrm{K}_\mathrm{R}, \mathrm{K}_\mathrm{Q}$	Kalibrierwerte der Sonde	[-]
L	turbulentes Längenmaß	[m]
M	Drehmoment	[Nm]
Ma	Machzahl	[-]
$\mathrm{M}_0, \mathrm{M}_1$	lastunabhängiges und lastabhängiges Moment der Wälzlager	[Nm]
N	Anzahl der Stufen im Verdichter und Anzahl der Harmonischen einer Schwankungsgröße	[-]
$\mathrm{P}_{(\mathrm{M})}$	mechanische Leistung	[W]
Pr	Prandtlzahl	[-]
Pr_t	turbulente Prandtlzahl	[-]
R	spezifische Gaskonstante	$[\mathrm{J} \cdot \mathrm{kg}^{-1}\mathrm{K}^{-1}]$
Re	Reynoldszahl	[-]
S	Stirnflächen eines Volumenelements bzw. Zellwände	[-]
T	Temperatur	[K]
T_u	Turbulenzgrad	[-]
U	Spannung (elektrisch)	[V]
V	Volumen	$[\mathrm{m}^3]$
$\dot{\mathrm{V}}$	Volumenstrom	$[\mathrm{m}^3 \cdot \mathrm{s}^{-1}]$
Y	allgemeine Strömungsvariable	[-]

Griechische Buchstaben

α	Strömungswinkel der Absolutgeschwindigkeit (ax-u-Ebene, gegen Umfangsrichtung)	[°]
α_K	Kalibrierfaktor der Sonde	[-]
α'_K	Korrekturwinkel der Sonde	[°]
α_M	mit Sonde bestimmter Strömungswinkel (ax-u-Ebene)	[°]
β	Strömungswinkel der Relativgeschwindigkeit (ax-u-Ebene, gegen Umfangsrichtung)	[°]
δ	Strömungswinkel zwischen Absolutgeschwindigkeit und deren Komponente in der ax-u-Ebene	[°]
δ_{ij}	Kronecker-Symbol	[-]
ϵ	Strömungswinkel zwischen Meridiangeschwindigkeit und Axialgeschwindigkeit	[°]
ε	Dissipationsrate der turbulenten kinetischen Energie	$[\mathrm{m}^2 \cdot \mathrm{s}^{-3}]$
ζ	Drehzahlkennwert	[-]
$\zeta_{Stromlinie}$	Verlustbeiwert	[-]

$\eta, \eta_{(M)}$	Wirkungsgrad, Verdichterwirkungsgrad (mechanisch)	[-]
κ	Isentropenexponent, Konstante	[-]
λ	Wärmeleitkoeffizient	$[W \cdot K^{-1}m^{-1}]$
λ_t	turbulenter Wärmeleitkoeffizient	$[W \cdot K^{-1}m^{-1}]$
μ	dynamische Viskosität	$[kg \cdot m^{-1}s^{-1}]$
μ'	Volumenviskosität	$[kg \cdot m^{-1}s^{-1}]$
μ_t	Wirbelviskosität	$[kg \cdot m^{-1}s^{-1}]$
ν	kinematische Viskosität	$[m^2 \cdot s^{-1}]$
ξ	Durchflusskennzahl	[-]
ξ, η, ζ	krummlinige Koordinaten	[-]
π	Druckverhältnis, Totaldruckverhältnis	[-]
ρ	Dichte	$[kg \cdot m^{-3}]$
τ	transformierte Zeitkoordinate	[s]
ϕ	Umfangsposition	[°]
φ, φ_0	Sondenposition Sondenkopf und Sondenschaft	[°]
ω	Kreisfrequenz	$[s^{-1}]$
Δ	Differenz	[-]
Υ	Volumenelement	[-]
Ω	Wirbelstärke	$[s^{-1}]$

Indizes und Akzente

1	Rechenebene 1, vor Rotor
2	Rechenebene 2, nach Rotor
3	Rechenebene 3, nach Stator
a	außen
approx	approximiert
ax	axial, Axialkomponente
b, bar	barometrisch
blas	eingeblasen
dyn	dynamisch
en	energetisch gemittelt
fl	flächengemittelt
ges	gesamt
i	innen
im	impulsgemittelt
k	Index der periodischen Schwankung
kon	kontinuitätsgemittelt
korr	korrigiert

korrel	korreliert
l	Elementnummer
leck	Leckage (Massenstrom)
m	Meridiankomponente, gemessen, mittel
ma	massenstromgemittelt
max	maximal
min	minimal
n, z	Laufvariablen
norm	normiert
r	Radialkomponente
red	reduziert
rel	relativ
s	isentrop
t	total und turbulent (NLH)
tip	Schaufelspitze Rotor
u	Umfangskomponente
w	Wand, Wandnähe
δ	räumlicher Strömungswinkel
$\bar{\varsigma}$	zeitlicher Mittelwert von ς
$\breve{\varsigma}$	umfangsgemittelter Wert von ς
$\tilde{\varsigma}$	zeitlicher Mittelwert von ς und harmonisch komplexe Amplitude
ς'	periodische Störung von ς
ς''	Fluktuation von ς
A	Austrittsebene
E	Eintrittebene
FLS	Fünflochsonde
Im	imaginär
MB	Messbereich
ME	Messebene
MS	Mittelschnitt
NS	nahe Stabilitätsgrenze
P	Profil
Pl	Plenum
R	am Rand
Re	real
S	Stromlinie
Sch	Scheibe

T	turbulent
TS	Trommel- und Scheibenreibung

Abkürzungen

AP	Auslegungspunkt
BPF	Blattfolgefrequenz
CAD	rechnerunterstützte Konstruktion
CFD	numerische Strömungsmechanik
DFZ	Diffusionszahl bzw. Lieblein-Faktor
DH	Drosselhub
DHZ	DeHaller Zahl
DKD	Deutscher Kalibrier-Dienst
DNS	Direkte Numerische Simulation
DS	Druckseite
EXP	Experiment
FFT	schnelle Fouriertransformation
FS	Messbereichsende
GuD	Gas und Dampf
HDA	Hitzdrahtanemometrie
HDF	Hochdichte Faserplatte
HK	Hinterkante
ISA	Internationale Standardatmosphäre
KH	Kanalhöhe
ME	Messebene
MS	Mittelschnitt
MTU	MTU Aero Engines
NGV	Nieder-Geschwindigkeits-Verdichter
NLH	Ansatz der nicht-linearen Harmonischen
NS	nahe Stabilitätsgrenze
RANS	Reynolds-gemittelte-Navier-Stokes-Gleichungen
RSVDG	rotierendes Sondenverschiebe- und -drehgerät
SG	Stabilitätsgrenze
SLS	Sekundärluftsystem
SS	Saugseite
SVDG	Sondenverschiebe- und -drehgerät
TKE	turbulente kinetische Energie
USM	Ultraschall-Strömungsmesser
VE	Volumenelement (eines Rechennetzes)

VK	Vorderkante
VLG	Vorleitgitter
WH	Wiederholung (einer Messung)

Mathematische Symbole

$\vec{c}$	Vektor der Absolutgeschwindigkeit
$\vec{\dot{q}}$	Wärmestromvektor
$\vec{\dot{q}}^R$	turbulenter Wärmestromvektor
$\vec{r}$	Richtungsvektor
$\vec{u}$	Vektor der Umfangsgeschwindigkeit
$\vec{w}$	Vektor der Relativgeschwindigkeit
$\bar{\bar{\tau}}$	Schubspannungstensor
$\bar{\bar{\tau}}^R$	Reynolds-Spannungstensor
$\vec{\omega}$	Vektor der Rotationsgeschwindigkeit
$\vec{D}$	Vektor des Spannungsterms
$\vec{Det}$	Vektor der diffusen (viskosen) Deterministischen Spannung
$\vec{E}, \vec{F}, \vec{G}$	Flußvektoren
$\vec{E}_v, \vec{F}_v, \vec{G}_v$	diffuse (viskose) Flußvektoren
$\vec{Q}$	Lösungsvektor
Ψ	Quellterm
$-$	für eine Teilung gemittelt
$=$	für Teilung und über der Schaufelhöhe gemittelt

1. Einleitung

Im Zuge einer nachhaltigen Entwicklung und Energieversorgung wird bei der fossilen Energieumwandlung unter anderem als wesentliches Ziel die Steigerung des Wirkungsgrades thermischer Arbeitsmaschinen zur Einsparung von Primärenergie verfolgt. Der absolute Primärenergieverbrauch lag in Deutschland im Jahr 2000 bei circa 14.0 EJ (1 EJ=10^{18} J) und hat sich seitdem nur wenig geändert [3]. Der Primärenergiebedarf fossiler Brennstoffe (Gas, Kohle, Öl) betrug 84.2% [9] und konnte bis 2008 auf 81.7% [3] reduziert werden. Dieser Anteil entspricht denen anderer Industrieländer wie zum Beispiel den Vereinigten Staaten von Amerika mit 85.5% im Jahr 2008. Auf absehbare Zeit kann jedoch nicht auf die zentrale sowie die konventionelle Stromerzeugung verzichtet werden [5]. Laut der internationalen ökologischen Prioritätensetzung [68] ist nicht zu erwarten, dass fossile Energieträger in den nächsten Jahrzehnten prinzipiell ablösbar sind. Mit den drei wesentlichen Komponenten Umweltverträglichkeit, Versorgungssicherheit und Wirtschaftlichkeit kann demnach eine nachhaltige Energieversorgung nur in einem Mehr an Effizienz und erneuerbarer Energie sowie einem Weniger an fossiler Primärenergie liegen. In Deutschland und den modernen Industrienationen, wie beispielsweise den USA und Japan, hat dieser Entwicklungsprozess bereits begonnen. Aber speziell in den aufsteigenden Industrieländern wie China und Indien, in denen sich ein starker Aufschwung der Industrialisierung abzeichnet, muss der große Bedarf an Energie mit hohem Wirkungsgrad in der Umwandlungskette gedeckt und die Entwicklung sowie der Einsatz von erneuerbaren Energiequellen als Grundgedanke verstanden werden. Der absolute Primärenergiebedarf wird infolge des globalen Bevölkerungswachstums steigen, was zu einer zusätzlichen Verknappung der Ressourcen führt. Somit muss die Entwicklung von Prozessen mit hohen Wirkungsgraden und Leistungsdichten vorangetrieben werden.

Die moderne Gasturbine ist ein Beispiel für eine solche thermische Arbeitsmaschine. Sie kommt hauptsächlich in Kraftwerken bei der Energieumwandlung aus der im Brennstoff chemisch gebundenen Energie zur Stromerzeugung und in der Luftfahrt als Flugzeugantrieb zum Einsatz.
In Deutschland haben beispielsweise kohlebefeuerte Kraftwerke unter den thermisch fossilen Anlagen den größten Anteil, gefolgt von Gasturbinenkraftwerken, welche bevorzugt mit Erdgas betrieben werden [79]. Somit stellt die Gasturbine einen wichtigen Pfeiler in der Energieversorgung dar. Der traditionelle Einsatz von Kolbenmotoren in der Luftfahrt obliegt nur noch einem kleinen Anteil von Flugzeugen und wird in der heutigen Zeit fast ausschließlich von Antrieben mit Gasturbinen beherrscht. Durch die Breite des Einsatzgebietes von Gasturbinen in der stationären Anwendung und in Flugtriebwerken führt selbst eine geringfügige Verringerung des Treibstoffverbrauchs zu einer signifikanten Reduzierung des Energiebedarfs fossiler Brennstoffe und somit zur Minderung des Emissionsausstoßes bei der Energieumwandlung. Aus diesem Grund hat die Gasturbine eine wichtige Stellung.
Die Gasturbine zählt zur Gruppe der Turbomaschinen und besteht im Wesentlichen aus drei Hauptbaugruppen: Verdichter, Brennkammer und Turbine. Turbine und Verdichter setzen sich aus Leitreihen und Laufreihen, so genannten Stufen, zusammen. Im Verdichter wird der angesaugte Luftmassenstrom komprimiert und gelangt in die Brennkammer. An dieser Stelle wird Kraftstoff zugeführt und verbrannt.

Hierbei kommen meist fossile Brennstoffe wie Erdgas und Erdöl bzw. deren Derivate zum Einsatz. Das bei der Energieumwandlung entstehende Heißgas wird in der Turbine zur Bereitstellung der Nutzarbeit herangezogen. In Kraftwerksturbinen steht diese als mechanische Arbeit am Rotor zur Verfügung und treibt den Verdichter und einen Generator zur Stromerzeugung an (Wellenleistungsmaschine). In Flugtriebwerken besteht unter Beachtung aller Reibkräfte und Nebenaggregate ein Leistungsgleichgewicht zwischen Verdichter und Turbine. Der Energieüberschuss des Heißgases nach der Turbine wird zum Teil als Schubarbeit herangezogen, indem das Gas in der Schubdüse beschleunigt und der somit zur Verfügung stehende Impuls zur Fortbewegung genutzt wird (Strahltriebwerk).
Obwohl das Arbeitsprinzip beider Typen identisch ist, werden doch zum Teil unterschiedliche Entwicklungswege beschritten. Die Effizienz von Kraftwerken, in denen stationäre Gasturbinen zum Einsatz kommen, wird unter anderem durch kombinierte Gas- und Dampfprozesse erhöht. Dabei wird das noch heiße Abgas der Turbine einem nachgeschalteten Dampferzeuger oder Abhitzekessel zur Dampferzeugung zugeführt. Der Wasserdampf wird dann in einer Dampfturbine entspannt. Die zur Verfügung stehende thermische Energie dient wiederum als Antrieb für einen Stromgenerator. Auf diese Weise kann der Gesamtwirkungsgrad eines Kraftwerks um 10% bis 15% gegenüber einem konventionellen Dampfkraftwerk gesteigert werden. Der aktuell höchste thermische Wirkungsgrad von rund 60% wird mit der in Irsching stationierten weltweit leistungsstärksten Siemens Gasturbine SGT5-8000H im GuD Prozess erreicht.
Parallel zu diesem Entwicklungsprozess steht die Triebwerksindustrie derzeit vor großen Herausforderungen, die sich zum einen aus der Notwendigkeit einer Verringerung der Emissionen des Luftverkehrs und zum anderen dem anhaltenden Zwang zur Treibstoffeinsparung ergeben. Für das Erreichen der ACARE-Ziele (Advisory Council of Aeronautics Research in Europe) ist die Entwicklung von energieeffizienteren und emissionsärmeren Triebwerken und neuen Triebwerkskonzepten von entscheidender Bedeutung. Durch die Einbeziehung des Luftverkehrs in den Emissionshandel gewinnt der im Luftverkehr bestehende Druck zur Anhebung der Energieeffizienz eine zunehmende Bedeutung [6].

Bei der Entwicklung von Flugtriebwerken wird das Ziel verfolgt, die Leistung durch neue Technologien zu steigern, da Kriterien wie die Leistung je Gewichtseinheit und Teileanzahl bei unterschiedlichsten Belastungen wesentlich wichtiger sind, als beispielsweise bei Kraftwerksturbinen. Das Einsparen von Verdichterstufen hilft das Gewicht von Fluggasturbinen auf Grund der geringeren axialen Baulänge zu reduzieren. Dies verlangt jedoch den Einsatz von Beschaufelungen mit hoher Stufenbelastung, was wiederum mit einer Einschränkung des Betriebsbereiches und einer erschwerten Auslegung für den günstigen Arbeitsbereich der Komponenten einhergeht. Bei der Auslegung von Turbomaschinen wird daher angestrebt, die Pump- bzw. Stabilitätsgrenze in Richtung geringerer Durchsätze zu verschieben, um somit einerseits den Pumpgrenzabstand zu vergrößern und andererseits den nutzbaren Betriebsbereich zu erhöhen. Um dies zu bewerkstelligen, bedarf es spezieller Technologien. Die passive Strömungsbeeinflussung beschäftigt sich mit speziellen Gehäusekonturen (*casing treatments*), um den Wirkungsgrad zu verbessern bzw. den Betriebsbereich zu erweitern. Bei der aktiven Strömungskontrolle wird mit Hilfe spezieller geometrischer Bauteile zusätzlich Luft in den Verdichter eingeblasen, um so das Strömungsfeld in Abhängigkeit des Betriebspunktes gezielt zu beeinflussen. Die Rotorschaufeln der hinteren Stufen eines Verdichters spielen bei Drehzahlen oberhalb der Auslegungsdrehzahl eine wesentliche Rolle, da sie in den meisten Maschinen blattspitzenkritisch sind und das Stabilitätsverhalten des Verdichters wesentlich beeinflussen.

Auf Grund des sich aufbauenden Radialspaltwirbels an der Rotorblattspitze können sich nahe der Stabilitätsgrenze gehäuseseitige Ablösezellen bilden, die zum Abriss des Verdichters führen. Mit dem Einblasen von Luft wird die Entstehung von Strömungsinstabilitäten unterdrückt bzw. verzögert, so dass der kritische Zustand des Strömungsfeldes erst bei geringeren Durchsätzen erreicht wird. Somit kann der Pumpgrenzabstand vergrößert oder die Pump- bzw. Stabilitätsgrenze selbst zu geringeren Massenströmen verschoben werden. Dieser Effekt führt zu einer Erweiterung des Arbeitsbereiches des Verdichters.

Die vorliegende Arbeit beschäftigt sich mit der aktiven Strömungskontrolle am Gehäuse eines 1.5 stufigen Niedergeschwindigkeits-Axialverdichters. Hierbei wird die Sekundärluft über spezielle Coanda-Düsen eingeblasen, welche nicht in den Hauptströmungskanal hineinragen und einen problemlosen Betrieb auch ohne Einblasung zulassen. Es werden experimentelle Untersuchungen zur aktiven Strömungskontrolle in Abhängigkeit des Rotorspaltes, des eingeblasenen Massenstromes und der Anzahl der Injektoren untersucht.
Weiterhin werden numerische Simulationen zur Validierung durchgeführt. Hierbei kommt das kommerzielle CFD Programmpaket $FINE^{TM}/Turbo$ der Firma *NUMECA International* (Version 8.7-3) zum Einsatz. Mit Hilfe dieser Software wird die Erstellung der Rechennetze (Diskretisierung) sowie das Lösen des Strömungsproblems bewerkstelligt. Damit ergibt sich die Zugänglichkeit zu detaillierten Informationen des Strömungsfeldes speziell in der Rotorpassage. Weiterhin besteht die Möglichkeit, den Blattspitzenbereich und die Entwicklung des beeinflussten Spaltwirbels aufzulösen und somit den Effekt der Einblasung zu verstehen.

2. Strömungsmechanische Grundlagen der Turbomaschinen

Die Strömung in Verdichtergittern ist weitaus komplexer als die beschleunigte Strömung in Turbinengittern. Der Verdichter arbeitet gegen einen positiven Druckgradienten (Komprimieren). Die Natur sieht aber einen Ausgleich vom Ort der hohen zum Ort der niedrigen Konzentration vor. In der Turbine geschieht das beim Entspannen des Heißgases mit negativem Druckgradienten. Im Verdichter kommt es dadurch schneller zu Strömungsablösungen und sogar zum Pumpen (Rückströmung). Die Grenzschicht an der Saugseite kann der Umlenkung und dem hohen Druckaufbau nicht folgen, Bigalk [7]. Änderungen des lokalen Zuströmwinkels an der Profilvorderkante können das Ablöseverhalten und damit das Stabilitätsverhalten eines Verdichters stark beeinflussen.

Die Aufgabe von Schaufelgittern ist die Richtungsänderung einer Strömung bei Beschleunigung (Turbine) oder Verzögerung (Verdichter). Durch Dralländerung beim Übergang von einem ruhenden System (Absolutsystem) in ein bewegtes System (Relativsystem) oder anders herum, erfolgt die Abgabe oder Aufnahme von Energie. Die Eulergleichung 2.1 für Turbomaschinen drückt diesen Sachverhalt vereinfacht aus. Dabei bedeuten die Ziffern 1 und 2 die Ebenen vor und hinter dem Rotorgitter.

$$e = (c_{u2} \cdot u_2 - c_{u1} \cdot u_1) \tag{2.1}$$

2.1. Sekundärströmung in Axialverdichtern

Die Primärströmung ist in Turbomaschinen an der Arbeitsübertragung beteiligt, die Sekundärströmung nicht. Eine Ursache für die Ausbildung von Sekundärströmungen ist die Wechselwirkung von Profil- und Seitenwandgrenzschichten, welche auf viskose Reibungseinflüsse an feststehenden und rotierenden Wänden zurückzuführen ist. Sekundärströmungsphänomene verursachen eine Erhöhung der Verluste und eine Abweichung der Gitterströmung vom Auslegungspunkt. Die dabei entstehenden Wirbelstrukturen sind unter anderem abhängig von Zuströmbedingungen wie Grenzschicht, Verdrängungsdicke, der Belastung des Gitters, Seitenverhältnis und Sehnenlänge. Verluste, die durch Sekundärströmungen hervorgerufen werden, überlagern sich mit den Profilverlusten. Zum physikalischen Verständnis werden die sich entwickelnden Wirbelstrukturen als Superposition von einfachen Wirbeln betrachtet und anschließend kurz erläutert.

Die Strömung in Axialverdichtern ist komplex und soll in Abbildung 2.2 verdeutlicht werden. Der ausgeprägte dreidimensionale Charakter weicht durch die Interaktion verschiedener Phänomene erheblich von der rotationssymmetrischen Strömung ab. Die qualitative Darstellung der Strömungsphysik soll das Verständnis und die Interpretation der experimentellen und numerischen Ergebnisse in den folgenden Kapiteln erleichtern.

Der Kanalwirbel stellt die stärkste (primäre) Sekundärströmung dar und wird durch die Umlenkung und den Einfluss der Seitenwand hervorgerufen. Auf die Strömung zwischen den Profilen wirken durch die Umlenkung Fliehkräfte, die im Gleichgewicht mit den Druckkräften stehen.

Durch die Umlenkung im Kanal baut sich quer zur Strömungsrichtung ein Druckgradient auf, der zum Krümmungsmittelpunkt gerichtet ist, Abbildung 2.1. Außerhalb der Grenzschicht ist die Fliehkraft, die auf ein Fluidelement mit der Geschwindigkeit w wirkt, und die Kraft auf Grund des radialen Druckgradienten im Gleichgewicht. Das Fluidelement folgt dem Kanalverlauf. Der radiale Druckgradient prägt sich auch der Grenzschicht auf. Dort ist jedoch die Strömungsgeschwindigkeit w_w kleiner als in der Hauptströmung. Deshalb kann das in Gleichung 2.2 beschriebene Gleichgewicht nach Weiß [72] nur erhalten werden, wenn sich auch der Krümmungsradius der Bahn eines Fluidelements in der Grenzschicht verkleinert. In der Grenzschicht wird demnach ein Fluidelement zur Saugseite hin abgelenkt. Aus Kontinuitätsgründen muss auch eine umgekehrte Strömung von der Saug- zur Druckseite erfolgen, was in der Kanalmitte der Fall ist. Mit steigender Umlenkung wächst auch der Querdruckgradient an, der Kanalwirbel bildet sich kräftiger aus. Es folgt eine Verlagerung zur Seitenwand. Der Kanalwirbel ist eine Hauptsekundärströmung und initiiert den Eckenwirbel sowie die Hinterkantenwirbel.

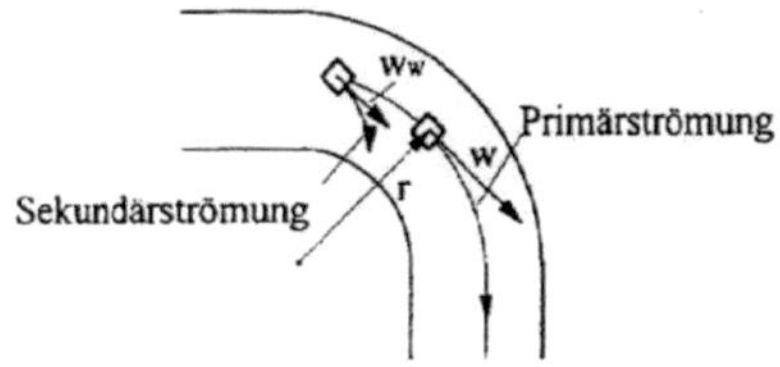

Abbildung 2.1. Radiales Gleichgewicht nach Weiß [72]

$$\begin{aligned} \text{Radiales Gleichgewicht:} \quad & \frac{\partial p}{\partial r} = \rho \cdot \frac{w^2}{r} \\ \text{in der Wandgrenzschicht:} \quad & w_w < w \\ \text{und:} \quad & \frac{\partial p}{\partial r} = \left.\frac{\partial p}{\partial r}\right|_w \\ \text{daraus folgt:} \quad & r_w < r \end{aligned} \tag{2.2}$$

Der Eckenwirbel wird durch das Auftreten der Querströmung auf die Saugseite der Schaufel induziert und zirkuliert entgegengesetzt dem Kanalwirbel. Die Wirbelstärke des Eckenwirbels ist ebenfalls eine Größenordnung kleiner als die des Kanalwirbels. Er ist nur schwer sichtbar zu machen, kann aber durch die Verringerung der Mehrumlenkung nachgewiesen werden.

Die Hinterkantenwirbel entstehen paarweise an einer Schaufel. Infolge der Querkanalströmung kommt es an der Hinterkante der Profile zum Abschwimmen verschieden orientierter Strömungen. Während an der Saugseitenhinterkante das Fluid in Richtung Kanalmitte strömt, ist die Bewegung an der Druckseite umgekehrt. Diese Scherströmung erzeugt eine Wirbelreihe entlang der Hinterkante, die nicht zu verwechseln ist mit den Karmanschen Wirbeln hinter zylindrischen Bauteilen. Die Stärke ist von der Intensität des Kanalwirbels abhängig.

Der sogenannte Hufeisenwirbel entsteht, wenn eine Strömung mit Grenzschichtprofil, z. B. auf einer ebenen Platte, ein stumpfes Hindernis umströmt. Vor dem Hindernis (hier: Schaufel) baut sich ein positiver Druckgradient auf, der zum Ablösen der Grenzschicht führt. In der Staulinie am Hindernis geht der Totaldruck in den statischen Druck über. Bedingt durch das Totaldruckprofil der Grenzschicht entsteht ein Druckgradient zur Platte hin, der zum Aufrollen der abgelösten Grenzschicht führt. Der entstandene Wirbel legt sich um das Hindernis herum, so dass die typische Form des Hufeisenwirbels entsteht, Weiss [72]. Der druckseitige Wirbelarm wird auf Grund des Druckgradienten, der auch den Kanalwirbel treibt, zur Saugseite des gegenüberliegenden Profils transportiert und hat den gleichen Drehsinn wie der Kanalwirbel. Die Wirbelstärke ist jedoch eine Größenordnung kleiner. Da die Strömung in diesem Bereich stark beschleunigt wird, ist seine Wirkung nur schwer nachzuweisen und örtlich begrenzt. Während sich hinter dem druckseitigen Ast eine neue Grenzschicht ausbildet, verschwindet der saugseitige Ast im Kanalwirbel oder in einer Ablöseblase, Müller [45]. Die Radialsekundärströmung bildet sich in den Profilgrenzschichten aufgrund des vorliegenden Druckgradienten in Schaufelhöhenrichtung aus.

In dieser Arbeit kommt es auf Grund der Einblasung an der Gehäusewand speziell zur Beeinflussung des sogenannten Spaltwirbels, welcher sich als Folge der Radialspaltströmung von Druck- zu Saugseite zwischen Schaufelende und Seitenwand entwickelt. Abbildung 2.2 zeigt u. a. den an der Rotorblattspitze ausgebildeten Radialspaltwirbel. Das Verhalten des Spaltwirbels spielt eine wichtige Rolle für den Beginn des Strömungsabrisses an der Laufschaufel und beeinflusst das Stabilitätsverhalten des Verdichters wesentlich, Wilke und Kau [76]. Weitere Untersuchungen dieses Phänomens ergaben, dass die Position, die Ausstreckung und das Verhalten des Spaltwirbels direkt von der aerodynamischen Belastung der Stufe abhängen.

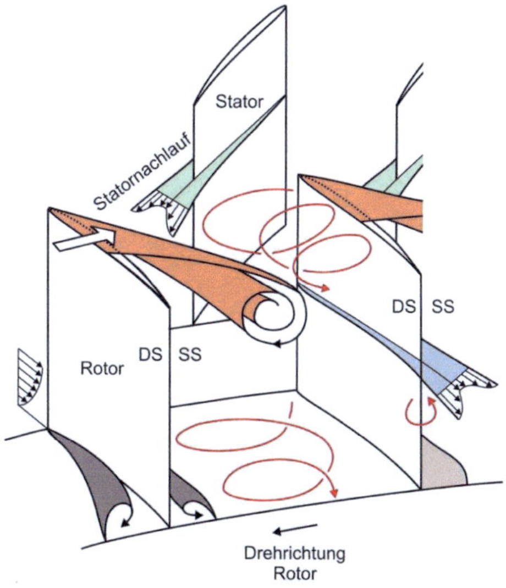

Abbildung 2.2. Ausbildung des Radialspaltwirbels in einer Verdichterstufe nach Mailach [41]

Die Topologie ändert sich drastisch, sobald der Verdichter an seiner Pumpgrenze betrieben wird, Yang et al. [78].

Solange die Verdichterstufe mit moderaten Druckverhältnissen beaufschlagt wird, ist die Struktur des Spaltwirbels unbedenklich und er kann die Schaufelpassage ohne signifikante Auswirkungen verlassen. Übersteigt das Stufendruckverhältnis einen Grenzwert, kann ein Zusammenbrechen des Spaltwirbels beobachtet werden, für das sich hauptsächlich hohe Reibungsverluste im Wirbelkern verantwortlich machen lassen. Es bildet sich ein örtliches Gebiet von energiearmen Fluid aus der Spaltströmung, welches unter stabilen Bedingungen durch Mischungs- und Diffusionseffekte mit der energiereichen Hauptströmung reenergetisiert wird, was dabei ein weiteres Anwachsen dieser Zone verhindert. Dieses Gleichgewicht wird beim Betrieb des Verdichters an dessen Pumpgrenze drastisch gestört, da immer mehr energiearmes Fluid in das Gebiet des Spaltwirbelzusammenbruchs gelangt und es somit schnell anwächst. Dieser Blockageeffekt führt schließlich zu enormen Strömungsablösungen und signalisiert die Grenze des Betriebsbereichs des Verdichters.

Bezug nehmend auf die vorgestellten Strömungsphänomene wird im folgenden Abschnitt näher auf die Beeinflussung des Strömungsfeldes und das Betriebsverhalten von Axialverdichtern eingegangen.

2.2. Stand der Technik

Der stabile Betriebsbereich von Axialverdichtern wird bei Annäherung an dessen Stabilitätsgrenze durch Strömungsinstabilitäten begrenzt. Die Stabilitätsgrenze ist so definiert, dass bei konstanter Drehzahl eines Verdichters der kleinstmögliche Massenstrom erreicht und gerade noch eine quasi-rotationssymmetrische Strömung ohne Überlagerung pulsierender Anteile aufrecht erhalten wird. Die Vorläufer (*precursors*) solcher Instabilitäten können Modalwellen sein, die in der Literatur als langwellige sinusförmige Störungen mit geringer Amplitude beschrieben werden und im unteren Frequenzband des Verdichters zu finden sind (<100Hz). Ein weiteres Phänomen ist das Auftreten von kleinskaligen Störungen, welche als lokale Ablösezellen oder auch *spikes* bekannt sind und beispielsweise im zeitlichen Druckverlauf als Impulsspitze identifiziert werden können.

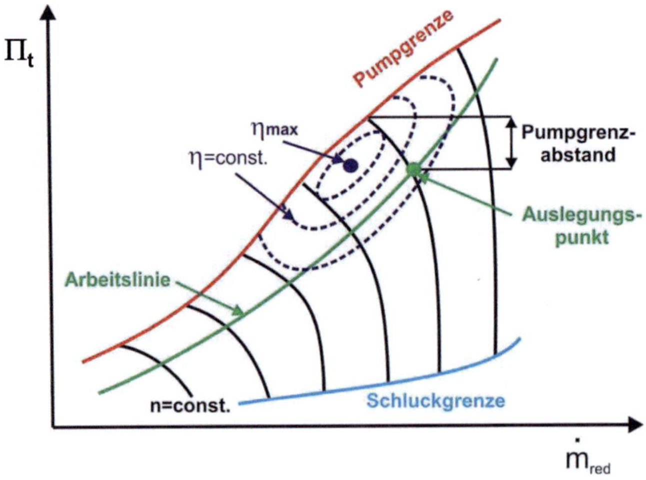

Abbildung 2.3. Beispiel eines Verdichterkennfeldes

Nahe der Stabilitätsgrenze können sich aus diesen Strömungsinstabilitäten Ablösezellen (*stall cells*) bilden, die letztendlich zum Strömungsabriss des Verdichters führen. Diese lokalen Ablösezellen können sowohl im Gehäusebereich an der Schaufelspitze des Rotors (*tip stall*) als auch im Nabenbereich (*hub stall*) auftreten. Je nach Anzahl der auftretenden Störzellen wird von einzelligem, zweizelligem oder mehrzelligem *rotating stall* gesprochen. Die Ursache für das Entstehen solcher Strömungsinstabilitäten und der daraus folgenden rotierenden Ablösung liegt in der stark druckseitigen Anströmung der Schaufeln (positive Inzidenz), unter der die Grenzschicht auf der Saugseite der großen Umlenkung und dem hohen Druckaufbau der Maschine nicht folgen kann und es deshalb zur Ablösung kommt. Solch eine Ablöseblase führt zur Versperrung des Schaufelkanals und somit zu einem lokalen Blockagegebiet wobei in der betreffenden Passage oder auch in einem Schaufelabschnitt noch weniger Massenstrom durchgesetzt werden kann. Das hat zur Folge, dass die Strömung vor Eintritt in das Gitter entgegen der Drehrichtung des Läufers ausweicht und das benachbarte Schaufelprofil noch ungünstiger angeströmt wird. Somit treten lokale Fehlanströmgebiete auf, die sich relativ entgegen der Drehrichtung des Läufers bewegen und in Umfangsrichtung über mehrere Passagen anwachsen können. Wenn sich die Störung abrupt über der gesamten Schaufelhöhe einstellt, spricht man von *full span stall*. Diese instationären Strömungsvorgänge führen innerhalb nur weniger Rotorumdrehungen zum Strömungsabriss im Verdichter. Unter bestimmten Voraussetzungen wird dieser Abriss durch Pumpen (*surge*) überlagert. Dabei spielen in Abhängigkeit voneinander ein relativ zum Verdichtervolumen stromab liegendes großes Luftvolumen, die Verdichterdrehzahl und die Geometrie des Verdichters eine wesentliche Rolle. Im Betriebszustand des Pumpens kommt es zum periodischen Pulsieren des Massenstroms und des Druckverhältnisses. Im Gegensatz zu der rotierenden Ablösung (*rotating stall*) ist die Ablösung der Strömung nicht auf einzelne Schaufeln begrenzt und vollzieht sich über der gesamten Schaufelreihe. Wird die Pumpgrenze erreicht, bricht die Strömung komplett zusammen. Infolge des Druckunterschiedes und der genannten Voraussetzungen kommt es im Verdichter zur Rückströmung und damit zur Reduzierung des Druckaufbaus. Dadurch stabilisiert sich die Strömung und legt sich wieder an die Schaufeln an. Der Verdichter kann kurzzeitig wieder stabil Massenstrom fördern, welcher aber in diesem Betriebspunkt zu groß ist. Daraus resultiert wiederum ein hoher Verdichterenddruck und der Pumpzyklus beginnt von Neuem. In der Literatur wird in Abhängigkeit der Größe des druckseitigen Luftvolumens und je nach Stärke des Pumpens zwischen *classic surge* und *deep surge* unterschieden. Das Auftreten der vorgestellten Strömungsinstabilitäten gefährdet die Betriebssicherheit signifikant und kann auf Grund angeregter Schwingungen zu Schaufelschäden und im schlimmsten Fall zur Zerstörung der Maschine führen. Zur Vermeidung solcher Szenarien wird ein Sicherheitsabstand zwischen der Arbeitslinie und der Stabilitätsgrenze des Verdichters gewahrt, welcher als Pumpgrenzabstand (*surge margin*) bezeichnet wird. Als Folge dieser Sicherheitsmaßnahme sinkt die Arbeitsfähigkeit des Verdichters, siehe Abbildung 2.3. Eine Verringerung des Pumpgrenzabstands führt zu einer Erhöhung der Effizienz des Verdichters. Das Potential der auf diesem Gebiet durchgeführten Arbeiten liegt dabei in der Erweiterung des stabilen Betriebsbereichs bei gleichzeitiger Verschiebung der Arbeitslinie und der Stabilitätsgrenze des Verdichters in Richtung geringerer Durchsätze. Der Abstand zur Stabilitätsgrenze muss dabei eingehalten werden. Bei Erzielung einer großen Betriebsbereichserweiterung kann der Pumpgrenzabstand zugunsten der Betriebssicherheit bei gleichzeitigem Erhalt der Erweiterung und der verbesserten Effizienz sogar erhöht werden. Unter dem Aspekt der großen Verbreitung von Axialverdichtern in stationären Gasturbinen und Flugtriebwerken spielt das Ausreizen dieses Potentials eine bedeutende Rolle in Hinblick auf den wirtschaftlichen Betrieb von Turbomaschinen. Um dieses Ziel zu erreichen, haben sich verschiedene Konzepte herauskristallisiert, die nun in einem Überblick in passive und aktive Maßnahmen zur Beeinflussung der Verdichterströmung gegliedert werden.

Passive Randzonenkorrekturen:
Diese Maßnahmen reduzieren die Sekundärströmungen durch Veränderung der Schaufel- und Seitenwandgeometrie bzw. kompensieren die Verluste durch lokal vergrößerten Arbeitsumsatz, Mattiske [43]. Es werden wesentliche Korrekturmaßnahmen aufgeführt:

- Staffelungswinkel
- Dreidimensionale Schaufelgestaltung
- Verhältnis Sehnenlänge und Teilung
- Grenzschichtzäune

Aktive Randzonenkorrekturen:
Die Grenzschicht wird in diesem Fall direkt beeinflusst, in dem die Dicke der Grenzschicht minimiert werden soll. Nach Mattiske [43] werden aktive Maßnahmen wie folgt unterteilt:

- Minderung der Sekundärströmung durch Seitenwandkonturierung (*casing treatments*)
- Beeinflussung der Strömung durch Absaugung energiearmen Grenzschichtfluids
- Energetisierung der Grenzschicht durch Impulszufuhr (Einblasung)

Auf die passiven Randzonenkorrekturen wird hier nicht näher eingegangen. Diese sind in Ehrhardt [18] hinreichend diskutiert. Vertiefend wird nun auf die aktiven Maßnahmen zur Erweiterung des Kennfeldbereiches eingegangen.

Die Seitenwandkonturierung:
Die Seitenwandkonturierung wurde entwickelt, um ein frühzeitiges Einsetzen von Ablösungen der Strömung an Nabe und Gehäuse zu vermeiden. Dabei wird das Außengehäuse in der Regel über den Laufschaufeln des Verdichters mit axialen oder umlaufenden Nuten versehen, welche ein Überströmen von Fluid ermöglichen. Obwohl dieses Konzept schon seit mehreren Jahrzehnten bekannt ist und systematisch untersucht wurde, z. B. von Mikolajczak und Pfeffer [44] sowie Takata und Tsukuda [67], beschäftigen sich eine Reihe aktueller Forschungsprojekte damit, diese Methode optimal in Verdichtern vorwiegend axialer Bauart einzusetzen. Untersuchungen ergaben signifikante Verbesserungen der Stabilität des Strömungsfeldes beim Betrieb des Verdichters an der Pumpgrenze, siehe Wilke und Kau [76] und Yang et al. [78]. Es konnten geringe Verschlechterungen des Stufenwirkungsgrades festgestellt werden. Erklären lässt sich dieser Effekt durch die stabilisierende Wirkung des *casing treatments* auf den Spaltwirbel (vergleiche Abschnitt 2.1) und eine Verringerung seines Einflusses auf die Strömung im Schaufelkanal. Es konnte nachgewiesen werden, dass die Pumpgrenze von Verdichtern mit *casing treatment* erst bei erheblich größeren Stufendruckverhältnissen und damit verringerten Massenströmen erreicht wird, was die Erweiterung des möglichen Betriebsbereichs bedeutet. Weiterhin konnte festgestellt werden, dass der vordere Bereich der Spaltströmung nahe der Laufschaufelvorderkante die Gestalt des Spaltwirbels besonders stark beeinflusst, und damit die Manipulation der gesamten Sehnenlänge ein unnötig grosses Entfernen von bereits verdichtetem Fluid hervorruft. Die Relativgeschwindigkeiten im Radialspalt des Verdichters sind in den vorderen $20\% - 30\%$ der Sehnenlänge sehr groß und haben damit einen dominierenden Einfluss auf die Verlustentwicklung.

Diese Tatsache bringt ein zusätzliches Potential für die Verbesserung des Stufenwirkungsgrades mit sich. Weitere Untersuchungen wurden von Takata und Tsukuda [67] in Abhängigkeit der gewählten Gehäusekonturierung in einem Niedergeschwindigkeitsverdichter untersucht. Die Autoren konnten eine erhebliche Erweiterung des Betriebsbereichs von 20% des Durchsatzes erreichen (*axial skewed slot treatment*). Demgegenüber steht ein wesentlicher Nachteil von Gehäusekonturierungen, der in einem zum Teil deutlichen Anstieg der Verluste besteht (Fujita und Takata [24]). Ergebnisse zu aktuellen Untersuchungen können in Zscherp [80] nachgeschlagen werden.

Das Absaugen:
Das Absaugen (*bleeding*) von Massenstrom aus dem Verdichter kann durch Schlitze oder einfache Öffnungen am Gehäuse realisiert werden. Prinzipiell kommt es bei der Absaugung zur Änderung der Geschwindigkeitsverhältnisse im Strömungsfeld. Stromauf der Absaugtopologie wird die Strömung beschleunigt, stromab verzögert. Im Absaugschlitz wird energiearmes Grenzschichtmaterial aus der wandnahen Strömung abgeführt. Es kommt zur Ausbildung einer neuen Wandgrenzschicht in der Maschine, die nun in der Lage ist, erneut einen bestimmten Druckgradienten zu überwinden. Somit wird eine starke Aufdickung der Grenzschicht vermieden. Weiterhin besteht die Möglichkeit, Strömungsablösungen zu verhindern und die Verluste zu minimieren. Es muss beim Auslegen der Absaugtopologie auf die Verzögerung der Strömung stromab des Schlitzes geachtet werden, damit es nicht zur Ausbildung einer instabilen Strömung (z. B. Rückströmung) kommt.
In der Praxis wird das Absaugen oder auch Abblasen unter anderem als passive Kontrolle von Verdichterinstabilitäten (*passive control* oder auch *avoidance control*) eingesetzt. Bei auftretenden Anzeichen drohender rotierender Ablösung wird die Arbeitslinie des Verdichters in Richtung höherer Durchsätze verschoben und das Überschreiten der Stabilitätsgrenze damit verhindert. Maßnahmen dazu sind z. B. die Öffnung von Abblaseventilen (Ludwig und Nenni [39]), die Verstellung der Leitschaufeln (Rieß und Blöcker [58]) oder die Verringerung der Drehzahl durch Reduzierung der Treibstoffzufuhr zur Brennkammer der Gasturbine.
Koch und Smith [38] führten im Jahre 1968 Untersuchungen zum gezielten Absaugen von Massenstrom durch. Hierbei wurde die Luft gehäuseseitig nahe der Rotorvorderkanten durch ein poröses Medium entnommen. Die Autoren konnten lediglich bei gestörter Zuströmung eine geringe Betriebsbereichserweiterung ausmachen und bewerteten die Einblasmethoden als effektivere Methode ihrer Untersuchungen. Weiterhin wird das Abblasen in den vorderen Verdichterstufen zum erfolgreichen Startvorgang einer Gasturbine benötigt. In Flugzeugtriebwerken wird dem Verdichter Zapfluft zur Klimatisierung der Passagierkabine entnommen. Untersuchungen zur erfolgreichen Erweiterung des Betriebsbereichs eines Verdichters mit Abblaseschlitzen am Gehäuse wurden von Dobrzynski et al. [15] publiziert. Die Autoren stellten tendenziell einen geringen Abfall des Verdichterwirkungsgrades fest.

Das Einblasen:
Das Einblasen (*air injection* oder auch *active surge control*) zählt ebenfalls zu den aktiven Maßnahmen und wird beispielsweise von Koch und Smith [38] gegenüber den Absaugmethoden als deutlich effizienter beschrieben. Dabei kommt es durch den meist hohen Impulsstrom der Sekundärluft zu einer hohen Energetisierung der Wandgrenzschicht auf Grund des hohen Impulseintrags. Speziell bei einer gehäuseseitigen Einblasung vor den Vorderkanten der Laufschaufeln wird die Entstehung und Ausbreitung des Spaltwirbels gezielt beeinflusst. Dadurch kann die Maschine stärker angedrosselt werden.

Das heißt, der kritische Zustand bzw. die Stabilitätsgrenze kann so zu geringeren Massenströmen verschoben werden, da die Schaufel speziell im Außenschnitt aerodynamisch entlastet wird und sich der kritische Strömungszustand nahe der Stabilitätsgrenze erst bei geringeren Durchsätzen einstellt. Die Folge ist ein vergrößerter Abstand zur Pumpgrenze bzw. ein erweiterter Betriebsbereich der Maschine. Vertiefend wird nun ein Überblick über die geschichtliche Entwicklung und den bis heute erreichten Wissensstand gegeben.

Das erste Konzept zur Verbesserung der Verdichterstabilität wurde im Jahre 1950 von Geoffrey Wilde (Rolls-Royce Limited) als ein britisches Patent eingereicht. Damals entstand die Idee, durch die Injektion von Massenstrom die Strömung zu stabilisieren. Dabei wurde die Luft aus den hinteren Stufen entnommen und in den vorderen Stufen wieder eingeblasen, Abbildung 2.4. Somit sollte die Inzidenz (Fehlanströmung) nahe des Gehäuses verringert werden, um so die Beschaufelung aerodynamisch zu entlasten. Das Problem der Entnahme von Luft in den hinteren Verdichterstufen ist, dass diese Luft bereits energetisiert wurde und daher die Effizienz des Triebwerks darunter leidet. Da jedoch die hinteren Verdichterstufen auf Grund der dort vorhandenen höheren Drücke die naheliegendste Quelle zur Bereitstellung von Druckluft darstellen, ist man bestrebt, die Wirkung der Einblasung durch einen möglichst geringen Massenstrom zu realisieren.

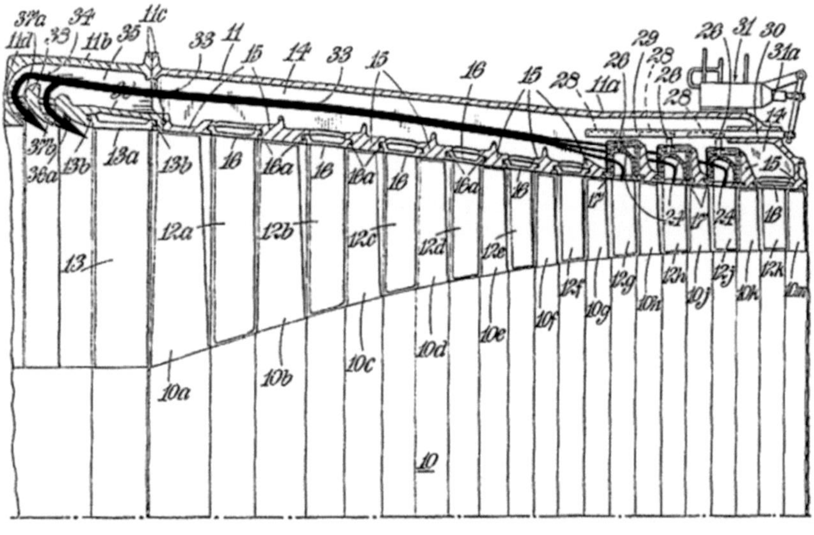

Abbildung 2.4. Einblasung an einem Verdichter, Britisches Patent, Wilde [75]

Ein weiteres grundlegendes Konzept ist die aktive Kontrolle von Verdichterinstabilitäten (*active control*), die von Epstein et al. [19] angeregt wurde. Dabei wird eine umlaufende Störung im Verdichter mit einem gegenphasigen Signal überlagert. Dadurch wird die Störung gedämpft und das Stabilitätsverhalten des Verdichters verbessert.

Das Einblasen von Luft an verschiedenen Umfangspositionen des Verdichters ist eine Möglichkeit, die Dämpfung umlaufender Störungen in Abhängigkeit von deren Phasenlage zu steuern. Die Autoren Day [13] und D'Andrea et al. [12] testeten dieses Konzept in Niedergeschwindigkeitsverdichtern erfolgreich. Day konnte in seiner Arbeit durch das Einblasen von Luft eine Erweiterung des Betriebsbereichs um bis zu 6% erzielen.
Das schnelle Verstellen der Verdichterleitschaufeln entsprechend der Phasenlage umlaufender Störungen ist eine weitere Möglichkeit der aktiven Strömungskontrolle. Die Erprobung dieser Methode erfolgte durch Haynes et al. [27] und Paduano et al. [54]. Die Voraussetzungen zur Umsetzung dieser beiden Kontrollmechanismen sind die Applikation von Sensoren zur Erfassung der Phasenlage der Störungen und eine rechnergestützte Steuerung der Verstelleinrichtungen. Der Aufwand ist relativ hoch im Vergleich zu einer stationären Einblasung, die keiner komplexen Steuerung bedarf. Solch eine Steuerung ist beispielhaft in Abbildung 2.5 dargestellt.

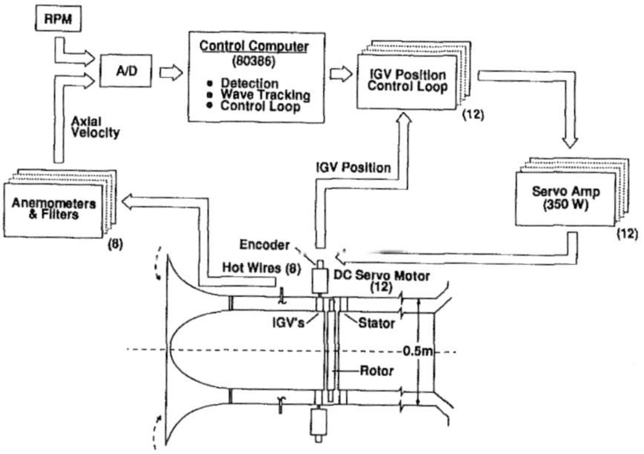

Abbildung 2.5. Schematischer Aufbau des Kontrollsystems von Paduano et al. [54]

Ein weiterer Weg der aktiven Strömungskontrolle beruht auf dem Prinzip der aerodynamischen Rückkopplung. Dabei wird dem Verdichter ebenfalls Druckluft an verschiedenen Umfangspositionen zugeführt. Die Steuerung des eingeblasenen Massenstroms erfolgt hingegen durch Zungenventile, deren Öffnung von den Druckschwankungen der Strömung abhängig ist, siehe Abbildung 2.6. Tritt eine Ablösung im Bereich der Rotorschaufeln auf, sinkt daraufhin die Axialgeschwindigkeit. Durch den damit verbundenen Anstieg des statischen Druckes biegt sich das schwingend gelagerte Ventil nach außen und öffnet so einen Spalt, durch den Luft aus einem Hochdruckbehälter einströmen kann. Auf diese Weise kann jedes Ventil ohne die Verwendung einer elektronischen Steuerung lokal auf eine Störung reagieren. Umgesetzt wurde dieses Prinzip durch Gysling und Greitzer [25] und Weigl et al. [73] in einstufigen Axialverdichtern. Gysling und Greitzer konnten so bei ihren Untersuchungen den reduzierten Massenstrom ($\dot{m}_{red}$) um 10% verringern. Eine Erweiterung des Betriebsbereiches konnte ebenfalls durch kontinuierliches Einblasen mit 4% des Hauptmassenstroms des Verdichters erzielt werden.

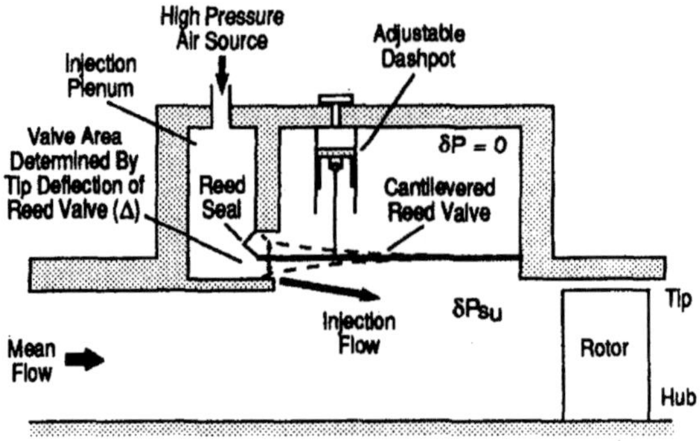

Abbildung 2.6. Schematischer Aufbau des Zungenventils nach Gysling und Greitzer [25]

Experimentelle Untersuchungen zur aktiven Kontrolle von Strömungsinstabilitäten sind bisher nur vereinzelt durchgeführt worden. An dieser Stelle sind die Untersuchungen von Ffowcs Williams et al. [22] in einem Radialverdichter einer stationären Gasturbine und Freeman et al. [23] in einem Axialverdichter eines Flugtriebwerks zu erwähnen. Scheidler et al. [62] konnten in einem zweiwelligen LARZAC 04 C5 Triebwerk ebenfalls positive Ergebnisse mit aktiver Einblasung erzielen und berichten von erfolgreichen Restabilisierungsversuchen des Strahltriebwerks.
Der Einsatz solcher Technologien sowohl in serienmäßigen stationären Gasturbinen als auch in Flugtriebwerken ist momentan noch in der Entwicklung. Die Probleme, welche bei der Anwendung der Regelmechanismen auftreten, werden u. a. durch das Betreiben solcher Maschinen mit mehrstufigen Verdichtern in einem breiten Drehzahlband hervorgerufen. Ändert sich die Drehzahl des Verdichters, so erfolgt ein Wechsel der axialen Verteilung der aerodynamischen Belastung der Beschaufelung. Daraus resultiert eine Veränderung des Entstehungsorts der rotierenden Ablösung, worauf bei der Anwendung der Kontrollmechanismen geachtet werden muss.

Weigl et al. [73] untersuchten das Einblasen von Massenstrom vor dem Rotor über diskret verteilte Injektoren an einem transsonischen Verdichter, wobei kompressible Effekte nicht vernachlässigt werden konnten. Sie verwendeten dabei zwei verschiedene Ausführungen von Einblaselementen, Abbildung 2.7.

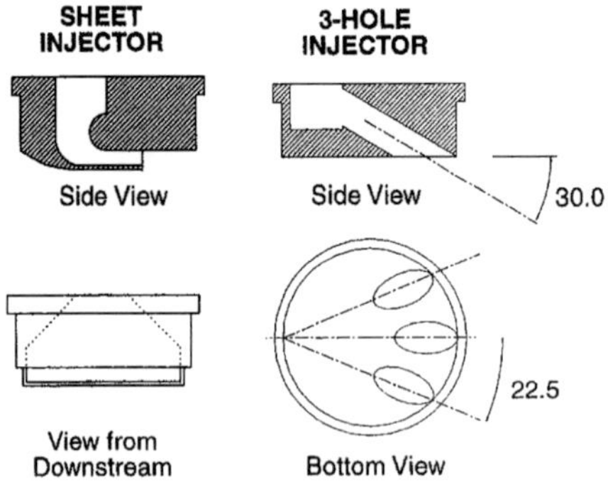

Abbildung 2.7. Injektoren nach Weigl et al. [73]

Die Einblasung erfolgte einerseits stetig mit 1,5% bis 3,6% des Verdichtermassenstroms und andererseits kontrolliert durch Ventile, die auf Störungen des Totaldruckes reagierten. Durch die stetige Einblasung konnte der stabile Betriebsbereich deutlich erweitert und durch das kontrollierte gepulste Einblasen weiterhin vergrößert werden. Das größte Totaldruckverhältnis erreichte er mit einem *sheet-injector*, bei dem die Sekundärluft unter einem Winkel von 15° entgegen der Rotationsrichtung eingeblasen wurde. In Abbildung 2.8 werden die Ergebnisse von Weigl et al. zusammenfassend grafisch dargestellt. Es ist zu erkennen, dass ein Großteil der Betriebsbereichserweiterung allein durch stetiges (stationäres) Einblasen erzielt werden kann. Unter Verwendung der aufwendig gesteuerten (instationären) Einblasung konnte diese Erweiterung in geringerem Maße gesteigert werden.

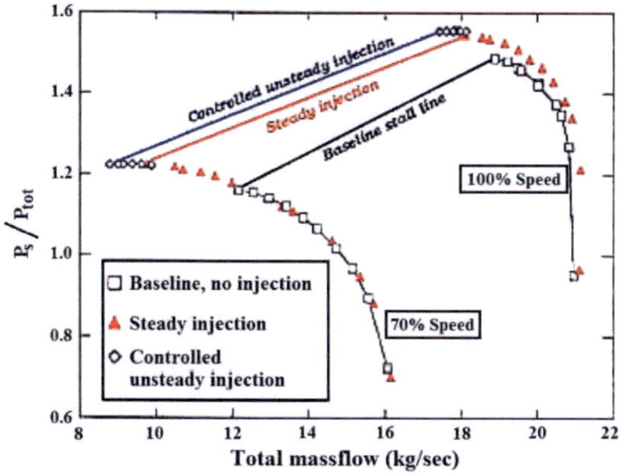

Abbildung 2.8. Betriebsbereichserweiterung nach Weigl et al. [73]

Suder et al. [66] untersuchten ebenso wie Weigl et al. [73] die Methodik der wandnahen Einblasung nahe der Rotorvorderkanten. Die Injektoren waren dabei rund zwei Sehnenlängen stromauf des Rotors positioniert und ragten 5,1mm in das Strömungsfeld hinein. Solche Injektoren sind nicht für den Einsatz in realen mehrstufigen Verdichtern geeignet, wo der Abstand zwischen den Stufen nur einen Bruchteil der Sehnenlänge des Rotors entspricht. Weiterhin sollten die Bauteile die gehäusenahe Zuströmung nicht negativ beeinflussen. Ziel ist es, den Axialabstand zu minimieren, um axiale Baulänge einzusparen und die Injektoren konstruktiv so auszuführen, dass sie bündig mit der Gehäusewand abschließen.
Zusätzlich zu ihren experimentellen Messungen führten Suder et al. numerische Berechnungen mit drei Simulationsmodellen durch. Diese sind die Referenzrechnung mit 0% Einblasmassenstrom, gefolgt von den Rechnungen mit 5% auf ganzer Düsenaustrittsfläche und mit 5% auf halber Austrittsfläche der Injektoren.

Durch die Verringerung der Einströmfläche mit konstant gehaltenem Massenstrom konnte so ein verdoppelter Impulseintrag der injizierten Luft simuliert werden, Abbildung 2.9.

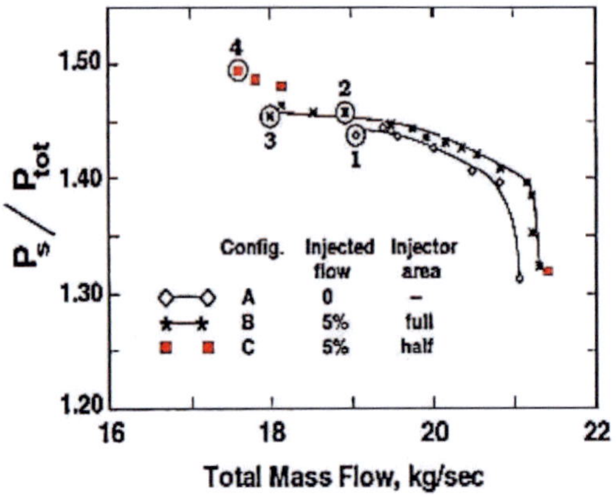

Abbildung 2.9. Numerisch ermittelte Kennlinien nach Suder et al. [66]

Die experimentellen und numerischen Ergebnisse zeigen eine deutliche Erweiterung des stabilen Betriebsbereichs, wobei die Wirkung der Einblasung im Teillastbereich bei 70% Auslegungsdrehzahl am größten ausfällt. Für den Teillastbereich lassen sich die Unterschiede in der Betriebsbereichserweiterung, bei Variation der Anzahl der Injektoren, deutlicher aufzeigen als bei Auslegungsdrehzahl, Abbildung 2.10.
Suder et al. [66] konnten bei ihren Untersuchungen ebenfalls wie Strazisar et al. [65] feststellen, dass die Erweiterung des Betriebsbereiches mit dem Anstieg der massengemittelten Axialgeschwindigkeit an der Vorderkante des Rotors infolge der Einblasung korreliert.

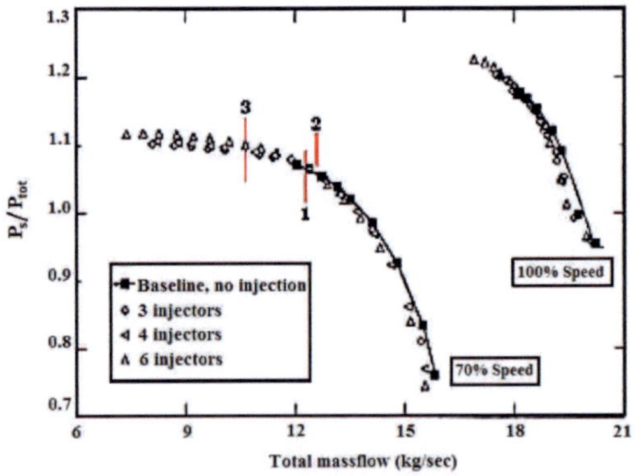

Abbildung 2.10. Experimentell ermittelte Kennlinien nach Suder et al. [66]

Untersuchungen und Erkenntnisse der letzten fünf Jahre:

Neuhaus et al. [49] untersuchten das stationäre und instationäre Einblasen an einem Niedergeschwindigkeits-Axialverdichter mit 24 Rotorschaufeln. Dazu verwendeten die Experimentatoren 24 geschlitzte Düsen, welche bündig am Gehäuse positioniert wurden, so dass der Düsenaustritt 16.6% der Rotorsehnenlänge stromab der Vorderkante lag. Diese axiale Position konnte als ein Optimum bei vorangegangenen Studien bestimmt werden und ist gleichzeitig die Stelle der maximalen Dicke der Schaufelprofile. Die verwendeten Injektoren verhalten sich von der Stabilität des Einblasstrahls anders als die in Abschnitt 5.6 und 7.6 beschriebenen Coanda-Düsen. Der Einblasmassenstrom wurde wie auch in den hier beschriebenen Untersuchungen konstant gehalten und lag bei rund 1.62% des Massenstroms im Betriebspunkt des maximalen Wirkungsgrades. Bei allen Einblastests konnte der letzte stabile Betriebspunkt zu geringeren Durchsätzen verschoben werden, wobei mit stationärem Einblasen der höchste Gewinn an Betriebsbereich erzielt werden konnte. In einem großen Betriebsbereich vor der Stabilitätsgrenze wurde weiterhin die Wirkungsgradcharakteristik mit beiden Methoden angehoben. Im Vergleich zu Weigl et al. [73] erreichte hier das gepulste Einblasen nicht die zusätzliche Betriebsbereichserweiterung gegenüber der kontinuierlichen Einblasung. Als einen Grund nannten die Autoren die geringe Grenzfrequenz der Ventile von 200Hz, was $^1/_6$ der Blattfolgefrequenz (BPF) entspricht.
Bindl et al. [8] verwendeten ebenfalls das von Scheidler et al. [62] untersuchte zweiwellige LARZAC Triebwerk und entwickelten für diesen Prüfstand einen Stallerkennungsalgorithmus in Kombination mit einem aktiven Verdichter Stabilisierungs System, Abbildung 2.11. Dazu kommt ein Luftumblasesystem zum Einsatz, welches Luft aus dem Hochdruckverdichter in den Niederdruckverdichter über 10 Injektoren rezirkuliert und so die Vorläufer von Strömungsinstabilitäten unterdrückt, welche in Form von *spikes* an den Rotorblattspitzen der ersten Stufe des Niederdruckverdichters auftreten. Somit konnten die Wissenschaftler unter Verwendung eines Algorithmus mit einfachen arithmetischen Rechenoperationen, welche auf den neuesten Theorien der Stallerkennung und der in diesem Triebwerk bekannten Vorläufer von Instabilitäten basieren, den Betriebsbereich erweitern und das Stabilitätsverhalten eines realen Strahltriebwerks verbessern. Die Nutzung triebwerkeigener Ressourcen ist dabei ein wichtiger Schritt für den Einsatz in einer fliegenden Applikation.

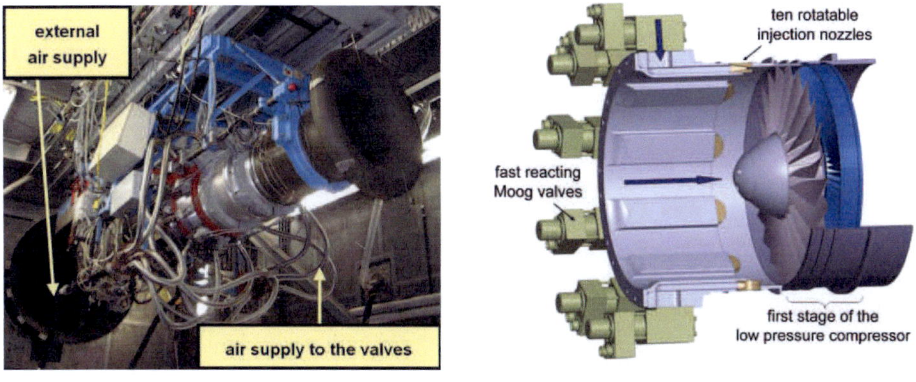

Abbildung 2.11. Versuchsaufbau und Einblassystem nach Bindl et al. [8]

Weitere aktuelle experimentelle sowie numerische Untersuchungen zur aktiven Strömungskontrolle in Turbomaschinen können in Cassina et al. [10], Vo et al. [71] und Dobrzynski et al. [15] nachgeschlagen werden. Ein umfassender Überblick über das Funktionsprinzip von Gehäusekonturierungen, die Entwicklungstendenzen der vergangenen Jahrzehnte und moderne Entwicklungen sind in Hathaway [26] gegeben.
Aus den beschriebenen Untersuchungen lassen sich zusammenfassend folgende Rückschlüsse ziehen:

- Das Einblasen von Luft vor der Rotorvorderkante führt zur Verringerung der Inzidenz und der Schaufelbelastung im Blattspitzenbereich und erlaubt höhere Belastungen in den anderen Schaufelschnitten, bevor die Strömung abreißt.
- Die Betriebsbereichserweiterung hängt vom absoluten Deckungsumfang des eingeblasenen Massenstroms der Injektoren ab, nicht aber von deren Umfangsverteilung.
- Wird die Anzahl der Injektoren reduziert, kommt es zur Abschwächung der massengemittelten Axialgeschwindigkeit, infolge der Verringerung des Deckungsumfangs.
- Für einen konstanten Einblasmassenstrom gilt: das Impulsverhältnis und die Betriebsbereichserweiterung können gesteigert werden, indem mehr Injektoren mit verringertem Austrittsquerschnitt verwendet werden.
- Die Einblaseffektivität wird maximiert, indem die Anzahl der Injektoren reduziert wird, um das Impulsverhältnis zu steigern. Dabei ist eine Mindestanzahl an Injektoren erforderlich.
- Für Coanda-Injektoren gilt: die Betriebsbereichserweiterung ist in einem breiten Band unabhängig vom thermodynamischen Zustand der Einblasluft. Wird die Luft mit gleicher Temperatur wie am Verdichtereintritt eingeblasen, werden gleiche Wirkungen erzielt wie unter Verwendung von beispielsweise Zapfluft aus den hinteren Stufen (getesteter Bereich siehe Strazisar et al. [65]).
- Instationäres Einblasen erhöht die Verdichterstabilität bei ausreichend hoher Frequenz mehr als stationäres Einblasen. Weiterhin können instationäre Strömungsphänomene nahe der Stabilitätsgrenze gezielt beeinflusst werden.
- Bei mehrstufigen hochbelasteten Verdichtern gilt: das unterschiedliche Verhalten der einzelnen Stufen kann infolge der Einblasung zueinander angepasst werden (*stage matching*).
- Die Verdichterstabilität kann bei Verwendung der aktiven Strömungskontrolle über einen großen Drehzahlbereich verbessert werden.
- Das Einblasen kann helfen, die Geräuschentwicklung eines Verdichters zu reduzieren.

2.3. Entwicklung der Aufgabenstellung

Aus allen in diesem Kapitel vorgestellten Untersuchungen lassen sich zwei globale Erkenntnisse zusammenfassen. Es ist möglich, den Betriebsbereich eines Verdichters mittels aktiver Strömungskontrolle zu erweitern. Unter bestimmten Voraussetzungen stellt sich bei Beachtung der Bilanzgrenzen eine Verbesserung des Wirkungsgrades ein. Die Verschlechterung der Effizienz konnte nie beobachtet werden. Ein verbessertes Stabilitätsverhalten eines Verdichters mit Einblassystem hängt im Wesentlichen von der Anzahl aktiver Injektoren sowie von den Einblasraten der injizierten Luft ab.

Dabei ist es wichtig, dass der spezifische Impuls und somit die Geschwindigkeit des Einblasstrahls größer ist als der des Verdichterhauptstroms.
Das Einblasen lässt sich weiterhin in ein kontinuierliches stationäres Einblasen sowie in ein gepulstes instationäres Einblasen untergliedern. Mit der letztgenannten Methode kann der Gewinn an Betriebsbereich gegenüber stationärem Einblasen geringfügig gesteigert werden. Dies verlangt jedoch einen vergleichsweise hohen regelungstechnischen Aufwand sowie den Einsatz robuster und zeitauflösender Sensoren, welche die Signale zum Steuern liefern.

Aus dem aktuellen Wissensstand lassen sich vier Fragen ableiten, die im Zuge dieser Arbeit als Hauptaufgaben verstanden und gelöst werden sollen und wie folgt definiert sind:

- Es sind noch keine expliziten Spaltweitenuntersuchungen am Rotor eines Nieder-Geschwindigkeits-Verdichters in Kombination mit aktiver Strömungskontrolle durchgeführt bzw. dokumentiert und die Effekte der Einblasung isoliert an einer Stufe untersucht worden. Ansatzweise wurden Anstrengungen von Strazisar et al. [65] an einem mehrstufigen hochbelasteten Verdichter unternommen. Somit ergibt sich die erste Frage: Wie wirkt sich die Erweiterung des Radialspaltes auf die Charakteristik des Verdichters mit und ohne Einblasung aus?

- In verschiedenen Untersuchungen sind die Einblaselemente bzw. Injektoren stromauf des Rotorgitters angeordnet. Die genaue Position wurde aus baulichen Gründen zumeist beliebig gewählt. Spezifizierte Angaben aus experimentellen Untersuchungen können momentan nicht getroffen werden. Daraus lässt sich die zweite Frage ableiten: Wirkt sich die Positionierung des Injektors auf das Stabilitätsverhalten des Verdichters aus?

- Weiterhin sind keine grundlegenden experimentellen Informationen über das aerodynamische Verhalten des Einblasstrahls selbst bekannt oder zugänglich gemacht. Lediglich einige wenige Autoren geben Vorhersagen und Ergebnisse aus numerischen Berechnungen an, wie beispielsweise Strazisar et al. [65]. Die dritte Frage lautet: Wie bildet sich die Strömung und die Grenzschicht stromauf des Rotorgitters auf Grund der Einblasung von Luft aus und was geschieht mit dem hohen Impulsstrahl nahe der Gehäusewand nach Passieren der Rotorpassage?

- Die vierte Frage zielt auf ergebnisorientierte Untersuchungen ab: Lassen sich bei einer möglichen Etablierung einer Betriebsbereichserweiterung des NGV ähnliche Erkenntnisse gewinnen wie sie in vorhandenen Publikationen zu finden sind?

Das Lösen dieser vier Aufgaben und die Ergebnisdarstellung soll in den folgenden Kapiteln mit den vorgestellten und verwendeten experimentellen sowie numerischen Methoden beschrieben werden. Für die Durchführung der Versuche am Nieder-Geschwindigkeits-Verdichter wurden die in Tabelle 4.3 dargelegten Parameter zu einer Messmatrix zusammengefasst, siehe Kapitel 4 (Seite 39).

3. Grundlagen der mathematischen Modellierung von Strömungen (CFD)

3.1. Mathematische Modellierung

Die kontinuumsmechanischen Erhaltungsgleichungen von Masse, Impuls und Energie bilden die Grundlage der Berechnung allgemeiner Strömungen. Das Verfahren basiert auf den Navier-Stokes-Gleichungen, welche ein System gekoppelter nichtlinearer partieller Differentialgleichungen darstellen. Das analytische Lösen dieses Gleichungssystems ist im Allgemeinen nicht möglich. Das System ist als Anfangs- und Randwertproblem zu betrachten und wird mit Hilfe des Finite-Volumen-Verfahrens bzw. des Finite-Differenzen-Verfahrens numerisch approximiert. Aufgrund der in Turbomaschinen herrschenden hohen Strömungsgeschwindigkeiten können dabei einige Vereinfachungen getroffen werden, wie z. B. die Vernachlässigung von bestimmten Quelltermen (Wärmestrahlung) und von Volumenkräften, welche aus der Schwerkraftwirkung resultieren. Die Voraussetzung für das numerische Lösen des beschriebenen Gleichungssystems ist die räumliche Diskretisierung des Rechengebietes. In diesem Prozess werden die sogenannten Rechennetze erstellt. In den folgenden Abschnitten werden die theoretischen Grundlagen der mathematischen Beschreibung von Strömungen näher erläutert. Die Ausführungen basieren vor allem auf den Quellen [18], [30] und [51]. Auf die Modellierung der Transition wurde in dieser Arbeit verzichtet.

3.2. Navier-Stokes-Gleichungen

In einem raumfesten kartesischen Koordinatensystem können die genannten Erhaltungsgleichungen für instationäre, kompressible und reibungsbehaftete Strömungen in Differentialform durch

$$\frac{\partial \vec{Q}}{\partial t} + \frac{\partial(\vec{E} - \vec{E}_v)}{\partial \xi} + \frac{\partial(\vec{F} - \vec{F}_v)}{\partial \eta} + \frac{\partial(\vec{G} - \vec{G}_v)}{\partial \zeta} = 0 \tag{3.1}$$

dargestellt werden. Der Lösungsvektor $\vec{Q}$, die konvektiven Flußvektoren $\vec{E}$, $\vec{F}$, $\vec{G}$ sind durch

$$\vec{Q} = \begin{bmatrix} \rho \\ \rho u \\ \rho v \\ \rho w \\ \rho e_t \end{bmatrix} \quad \vec{E} = \begin{bmatrix} \rho u \\ \rho u^2 + p \\ \rho v u \\ \rho w u \\ \rho h_t u \end{bmatrix} \quad \vec{F} = \begin{bmatrix} \rho v \\ \rho u v \\ \rho v^2 + p \\ \rho w v \\ \rho h_t v \end{bmatrix} \quad \vec{G} = \begin{bmatrix} \rho w \\ \rho u w \\ \rho v w \\ \rho w^2 + p \\ \rho h_t w \end{bmatrix} \tag{3.2}$$

definiert und die diffusen (viskosen) Flußvektoren $\vec{E_v}$, $\vec{F_v}$, $\vec{G_v}$ durch

$$\vec{E_v} = \begin{bmatrix} 0 \\ \tau_{xx} \\ \tau_{xy} \\ \tau_{xz} \\ (\bar{\bar{\tau}} \cdot \vec{v})_x - \dot{q}_x \end{bmatrix} \quad \vec{F_v} = \begin{bmatrix} 0 \\ \tau_{xy} \\ \tau_{yy} \\ \tau_{yz} \\ (\bar{\bar{\tau}} \cdot \vec{v})_y - \dot{q}_y \end{bmatrix} \quad \vec{G_v} = \begin{bmatrix} 0 \\ \tau_{xz} \\ \tau_{yz} \\ \tau_{zz} \\ (\bar{\bar{\tau}} \cdot \vec{v})_z - \dot{q}_z \end{bmatrix} \quad . \tag{3.3}$$

Der symmetrische Schubspannungstensor $\bar{\bar{\tau}}$

$$\bar{\bar{\tau}} = \tau_{ij} = \mu \left(\frac{\partial v_j}{\partial x_i} + \frac{\partial v_i}{\partial x_j} \right) + \mu' (\vec{\nabla} \cdot \vec{v}) = \begin{pmatrix} \tau_{xx} & \tau_{xy} & \tau_{xz} \\ \tau_{yx} & \tau_{yy} & \tau_{xz} \\ \tau_{zx} & \tau_{zy} & \tau_{zz} \end{pmatrix}$$

setzt sich aus den Normalspannungen

$$\begin{aligned} \tau_{xx} &= 2\mu \frac{\partial u}{\partial x} + \mu' (\vec{\nabla} \cdot \vec{v}) = 2\mu \frac{\partial u}{\partial x} + \mu' \left(\frac{\partial u}{\partial x} + \frac{\partial v}{\partial y} + \frac{\partial w}{\partial z} \right) \\ \tau_{yy} &= 2\mu \frac{\partial u}{\partial y} + \mu' (\vec{\nabla} \cdot \vec{v}) = 2\mu \frac{\partial u}{\partial y} + \mu' \left(\frac{\partial u}{\partial x} + \frac{\partial v}{\partial y} + \frac{\partial w}{\partial z} \right) \\ \tau_{zz} &= 2\mu \frac{\partial u}{\partial z} + \mu' (\vec{\nabla} \cdot \vec{v}) = 2\mu \frac{\partial u}{\partial z} + \mu' \left(\frac{\partial u}{\partial x} + \frac{\partial v}{\partial y} + \frac{\partial w}{\partial z} \right) \end{aligned} \tag{3.4}$$

und den Schubspannungen unter Berücksichtigung der Symmetrie

$$\begin{aligned} \tau_{xy} &= \tau_{yx} = \mu \left(\frac{\partial u}{\partial y} + \frac{\partial v}{\partial x} \right) \\ \tau_{xz} &= \tau_{zx} = \mu \left(\frac{\partial u}{\partial z} + \frac{\partial w}{\partial x} \right) \\ \tau_{yz} &= \tau_{zy} = \mu \left(\frac{\partial v}{\partial z} + \frac{\partial w}{\partial y} \right) \end{aligned} \tag{3.5}$$

zusammen. Mit der Stokes´schen Hypothese lässt sich die Volumenviskosität μ' aus der dynamischen Viskosität μ bestimmen

$$\mu' = -\frac{2}{3}\mu \quad . \tag{3.6}$$

Die Arbeit der Schubspannungen aus 3.4 ergibt sich zu

$$\begin{aligned} (\bar{\bar{\tau}} \cdot \vec{v})_x &= \tau_{xx} u + \tau_{xy} v + \tau_{xz} w \\ (\bar{\bar{\tau}} \cdot \vec{v})_y &= \tau_{xy} u + \tau_{yy} v + \tau_{yz} w \\ (\bar{\bar{\tau}} \cdot \vec{v})_z &= \tau_{xz} u + \tau_{yz} v + \tau_{zz} w \quad . \end{aligned} \tag{3.7}$$

Die diffusen Wärmeflüsse definieren sich als Produkt des Temperaturgradienten und des Wärmeleitkoeffizienten λ

$$\dot{q}_x = -\lambda \frac{\partial T}{\partial x} \qquad \dot{q}_y = -\lambda \frac{\partial T}{\partial y} \qquad \dot{q}_z = -\lambda \frac{\partial T}{\partial z} \quad . \tag{3.8}$$

Weitere notwendige Gleichungen für die Lösung des Gleichungssystems 3.1 sind zum einen die thermische Zustandsgleichung für ideale Gase mit der spezifischen Gaskonstante R

$$\frac{p}{\rho} = RT \tag{3.9}$$

und die kalorischen Zustandsgleichungen für die innere Energie e_t und die Enthalpie h_t

$$e_t = c_v T_t = \frac{1}{\kappa - 1} R T_t \qquad h_t = c_p T_t = \frac{\kappa}{\kappa - 1} R T_t \quad . \tag{3.10}$$

Da die Druckabhängigkeit der dynamischen Viskosität für ideale Gase vernachlässigt werden kann, wird deren Temperaturabhängigkeit mit dem Gesetz von Sutherland beschrieben

$$\mu(T) = \mu_0 \left(\frac{T}{T_0}\right)^{\frac{3}{2}} \frac{T_0 + S_0}{T + S} \quad . \tag{3.11}$$

Dabei werden die Bezugstemperatur $T_0 = 273.15K$, die Sutherland-Konstante $S_0 = 110.0K$ und die dynamische Viskosität für Luft bei Bezugstemperatur $\mu_0 = 1.717 \cdot 10^{-5} \frac{kg}{m \cdot s}$ verwendet. Für den Wärmeleitkoeffizienten ergibt sich mit einer für Luft konstant angenommenen Prandtlzahl $Pr = 0.72$ folgender Zusammenhang

$$\lambda = \frac{c_p \mu}{Pr} = \frac{\kappa}{\kappa - 1} R \frac{\mu}{Pr} \quad . \tag{3.12}$$

Durch Vernachlässigung der viskosen Reibung ($\mu = 0$) und der Wärmeleitung ($\lambda = 0$) verschwinden die viskosen Flüsse $\vec{E_v}$, $\vec{F_v}$, $\vec{G_v}$ in 3.1 und die Navier-Stokes-Gleichungen gehen in die Euler-Gleichungen über. Ausführliche Herleitungen zu diesem Thema sind in den Ausführungen von Hildebrandt [30] und Hirsch [31, 32] zu finden.

3.3. Rotierendes Relativsystem

Bei der Beschreibung der Erhaltungsgleichungen wurde bisher von einem raumfesten Koordinatensystem ausgegangen. Zur Beschreibung des Strömungsfeldes in den Rotorpassagen von Turbomaschinen ist jedoch ein mitrotierendes Relativsystem effektiver. Dabei treten wegen der Invarianz der materiellen Zeitableitung gegenüber des Bezugssystems (totales Differential) $\frac{D\vec{c}}{dt}$ zusätzliche Beschleunigungen auf. Diese sind die Zentripetal- und Coriolisbeschleunigung sowie die Beschleunigung auf Grund der Drehzahländerung des Relativsystems.

Mit Hilfe der Umfangsgeschwindigkeit $\vec{u} = \vec{\omega} \times \vec{r}$, wobei $\vec{\omega}$ und $\vec{r}$ die Vektoren der Winkelgeschwindigkeit und des Ortsvektors sind, lässt sich der Zusammenhang zwischen der Absolutgeschwindigkeit $\vec{c}$ und der Relativgeschwindigkeit $\vec{w}$ durch

$$\vec{c} = \vec{w} + \vec{u} = \vec{w} + \vec{\omega} \times \vec{r} \tag{3.13}$$

beschreiben. Die zugehörigen Zusatzbeschleunigungen lassen sich mit der zur Drehachse senkrechten Komponente $\vec{R}$ des Ortsvektors $\vec{r}$ herleiten und das totale Differential ergibt sich im Relativsystem zu

$$\frac{D\vec{c}}{dt} = \frac{\partial \vec{w}}{\partial t} + (\vec{w} \cdot \nabla)\,\vec{w} + \frac{\partial \vec{\omega}}{\partial t} \times \vec{r} + 2\,(\vec{\omega} \times \vec{w}) + \vec{\omega} \times (\vec{\omega} \times \vec{r}) \quad . \tag{3.14}$$

Darin bedeuten die einzelnen Terme in gezeigter Reihenfolge die lokale, zeitliche Beschleunigung, die konvektive Beschleunigung, die Beschleunigung auf Grund der Drehzahländerung sowie Coriolis- und Zentripetalbeschleunigung.
Diese volumenbezogenen Quellterme müssen in die Navier-Stokes-Gleichungen 3.1 implementiert werden.

3.4. Krummlinige Koordinaten

Da die zu berechnenden Turbomaschinenkomponenten sehr komplexe geometrische Berandungen mit mehrfach gekrümmten Oberflächen besitzen, wird der Einsatz von konturangepaßten, krummlinigen Koordinatensystemen zur numerischen Simulation notwendig. Da die oben beschriebene Definition der Navier-Stokes-Gleichungen nur für orthogonal-kartesische Koordinaten gültig ist, ist eine Transformation des Gleichungssystems der konturangepaßten Koordinaten (x, y, z) im realen physikalischen Raum auf ein orthogonal-kartesisches Koordinatensystem (ξ, η, ζ) mit äquidistanten Schrittweiten $\Delta\xi = \Delta\eta = \Delta\zeta = 1$, dem sogenannten numerischen Raum notwendig. Abbildung 3.1 soll diesen Sachverhalt zweidimensional verdeutlichen.

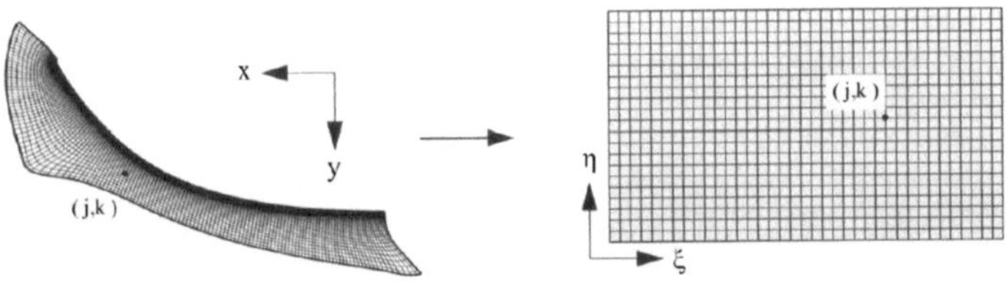

Abbildung 3.1. Physikalischer und numerischer Raum, Eulitz [20]

Es erfolgt die Transformation der kartesischen Koordinaten, welche dann in die Navier-Stokes Gleichungen 3.1 eingesetzt werden. Weiterhin folgen die Transformationen der konvektiven und diffusen Flußvektoren mit den dabei auftretenden Metrikkoeffizienten. Einzelheiten sind in Hildebrandt [30] ersichtlich.

3.5. Die RANS-Gleichungen und Turbulenzmodellierung

Die im Kapitel 3.2 aufgeführten Navier-Stokes-Gleichungen 3.1 beschreiben laminare und viskose Strömungen exakt und lösen die feinsten Turbulenzstrukturen sowohl in den räumlichen als auch zeitlichen Skalen auf. Diese Methode ist als Direkte Numerische Simulation bekannt und stellt wegen sehr feiner Rechennetze (hohe räumliche Diskretisierung) und hoher Zeitauflösung (zeitliche Diskretisierung) extreme Anforderungen an die Rechnerkapazität. Laut Hildebrandt [30] kommt die DNS selbst bei anhaltender Entwicklung der Rechentechnik für die Berechnung von Turbomaschinenströmungen nicht in Frage. Bei turbulenten Strömungen kommt es im Gegensatz zu laminaren Strömungen, die sich durch weitgehend parallele Schichtenströmung auszeichnen, zu instationären, räumlich und zeitlich verschiedenen Zuständen der Strömungsgrößen, welche um einen Mittelwert fluktuieren. Für technische Belange ist aber die genaue Beschreibung der Schwankungsgrössen von untergeordnetem Interesse und somit die statistische Betrachtung zeitlich gemittelter Werte als ausreichend zu betrachten.
Reynolds schlug 1897 die Separation einer turbulenten Strömungsgröße ϕ in deren zeitlichen Mittelwert $\overline{\phi}$ und in einen fluktuierenden Anteil ϕ'' vor

$$\phi = \overline{\phi} + \phi'' \quad \text{mit} \quad \overline{\phi} = \frac{1}{T}\int_{t_0}^{t_0+T} \phi dt \quad \text{und} \quad \overline{\phi''} = 0 \quad . \tag{3.15}$$

Favre erweiterte diesen Ansatz auf kompressible Strömungen unter Berücksichtigung einer dichtegewichteten Mittelung zu

$$\phi = \tilde{\phi} + \phi'' \quad \text{mit} \quad \tilde{\phi} = \frac{\overline{\rho\phi}}{\overline{\rho}} \quad \text{und} \quad \overline{\rho\phi''} = 0 \quad . \tag{3.16}$$

Setzt man nun diese gemittelten Strömungsgrößen in die Navier-Stokes-Gleichungen 3.1 ein, entstehen in den Impulsgleichungen neue Terme der Form

$$\tau_{ij}^R = \overline{-\rho v_i'' v_j''} \quad . \tag{3.17}$$

Diese Größen entsprechen in ihrer physikalischen Dimension denen von Spannungen und werden deshalb als Reynoldsspannungen (Reynolds-Spannungstensor $\bar{\bar{\tau}}^R$) oder auch turbulente Scheinspannungen bezeichnet. In den Energiegleichungen entstehen sogenannte turbulente Wärmeströme der Form

$$\dot{q}_i^R = \overline{\rho h'' v_i''} \quad . \tag{3.18}$$

Mit der statistischen Mittelung gehen die Navier-Stokes-Gleichungen in die Reynolds-gemittelten-Navier-Stokes-Gleichungen (RANS) über. Da für die Größen $\overline{-\rho v_i'' v_j''}$ und $\overline{\rho h'' v_i''}$ jedoch keine weiteren Gleichungen zur Verfügung stehen (Schließungsproblem der Turbulenz), müssen zusätzliche Informationen in Form sogenannter Turbulenzmodelle zur Lösung des RANS-Gleichungssystems eingebracht werden, da die turbulenten Scheinspannungen τ_{ij}^R die laminaren Spannungen τ_{ij} um Größenordnungen überschreiten können. Diese auf empirischen Erfahrungen basierenden Modelle sind Bestandteil aktueller Forschungen. Es existieren eine Vielzahl unterschiedlicher Ansätze für konkrete Anwendungsfälle. Allgemein kann man die Turbulenzmodelle in die Klassen der Wirbelviskositätsmodelle und der Reynoldsspannungsmodelle unterscheiden.
Da die Reynoldsspannungsmodelle, ähnlich der DNS, zu hohe Anforderungen an die Rechnerkapazität stellen und des Weiteren die Schwierigkeit der zu implementierenden Anfangs- und Randbedingungen besteht, kommen sie für die technisch-industrielle Berechnung komplexer Strömungen nicht in Frage. Gleiches gilt für die sogenannte Large Eddy Simulation (LES), die als eine Zwischenstufe zur Berechnung der RANS-Gleichungen und der DNS gesehen werden kann.

3.6. Das Spalart-Allmaras Turbulenzmodell

Um das im vorherigen Kapitel beschriebene Schließungsproblem zu lösen, werden Turbulenzmodelle benötigt. Die 1877 von Boussinesq eingeführte Wirbelviskositätshypothese geht von einer prinzipiellen Analogie der Wirkung von Turbulenzstrukturen in makroskopischen Skalen (Wirbelviskosität μ_t) und der Fluidmoleküle auf mikroskopischer Ebene (Dynamische Viskosität μ) aus, Adams [2]. Die turbulenten Scheinspannungen ergeben sich somit zu

$$\tau_{ij}^R = \overline{-\rho v_i'' v_j''} = \mu_t \left(\frac{\partial \tilde{v}_i}{\partial x_j} + \frac{\partial \tilde{v}_j}{\partial x_i} - \frac{2}{3}(\nabla \cdot \tilde{\vec{v}})\delta_{ij} \right) - \frac{2}{3}\overline{\rho} k \delta_{ij} \tag{3.19}$$

mit der turbulenten kinetischen Energie (TKE)

$$k = \frac{1}{2} \frac{\overline{\rho \vec{v}''^2}}{\overline{\rho}} \quad . \tag{3.20}$$

Die Anwendung der Hypothese von Boussinesq auf die turbulenten Wärmeströme führt zur Definition der turbulenten Wärmeleitfähigkeit λ_t

$$\dot{q}_i^R = \overline{\rho h'' v_i''} = -\lambda_t \frac{\partial \tilde{T}}{\partial x_i} \quad . \tag{3.21}$$

Die Einführung der turbulenten Prandtlzahl Pr_t, welche fur Luft als strömendem Medium mit $Pr_t = 0.9$ angegeben werden kann, macht die turbulente Wärmeleitfähigkeit λ_t von der Wirbelviskosität μ_t abhängig

$$\lambda_t = \frac{Pr}{Pr_t} \mu_t \quad . \tag{3.22}$$

Mit Hilfe von Turbulenzmodellen (Wirbelviskositätsmodelle) gilt es nun, die Wirbelviskosität μ_t zu bestimmen, welche im Gegensatz zur dynamischen Viskosität μ keine Stoffkonstante ist, sondern von der Geometrie und dem lokalen Strömungszustand abhängt. In der Literatur wird die Turbulenzmodellierung nach der Anzahl zusätzlicher Transportgleichungen für turbulente Größen unterschieden.

Im Folgenden soll das Spalart-Allmaras Turbulenzmodell kurz erläutert werden, welches bei der numerischen Berechnung im Zuge der vorliegenden Arbeit verwendet wurde. Für ausführliche Betrachtungen zu weiteren Modellen wird an dieser Stelle auf Pope [55] verwiesen.

Das Spalart-Allmaras Turbulenzmodell gehört zur Klasse der Wirbelviskositäts-Transportmodelle und verwendet eine Transportgleichung für die Bestimmung der Wirbelviskosität. Die Gleichung beinhaltet einen konvektiven Term, einen Diffusionsterm sowie einen Quellterm. Die Implementierung des Modells erfolgte im verwendeten Programmpaket basierend auf den Veröffentlichungen von Spalart und Allmaras [64] mit den von Ashford und Powell [4] vorgeschlagenen Verbesserungen zur Vermeidung negativer Werte im Produktionsterm $\tilde{S}$.
Das Spalart-Allmaras Turbulenzmodell wird in der Praxis für aerodynamische Fragestellungen auf Grund seiner Robustheit und des geringeren Rechenaufwands gegenüber Zwei- oder Mehrgleichungsmodellen häufig verwendet. Es ist in der Lage, komplexe Strömungen vorherzusagen und kann für eine Vielzahl von ingenieurtechnischen Anwendungen genutzt werden. Wilcox [74] berichtet von guten Übereinstimmungen mit den von Driver und Seegmiller [16] durchgeführten Experimenten selbst bei abgelöster und wiederangelegter Strömung.

Vorteile:

- relativ einfache mathematische Beschreibung,
- numerische Robustheit und auch für Staupunkte geeignet,
- keine Verwendung der unsicher zu erfassenden Transportgröße "turbulentes Längenmaß",
- abgelöste Strömungen werden gut erfasst.

Nachteile:

- erhöhter Rechenaufwand gegenüber algebraischen Turbulenzmodellen,
- Nichtabklingen der Turbulenz in Parallelströmungen,
- ungenaue Abbildung beim Übergang der Grenzschicht in die freie Scherschicht,
- ein annäherndes Gleichgewicht zwischen Turbulenzerzeugung und -abbau wird verlangt.

Im Folgenden wird nun auf die mathematische Formulierung des Turbulenzmodells näher eingegangen. Die gesuchte turbulente Viskosität μ_t ist durch

$$\mu_t = \tilde{\nu} f_{v1} \tag{3.23}$$

gegeben, wobei $\tilde{\nu}$ als eingeführte Rechengröße verwendet wird. Da $\tilde{\nu}$ nicht das korrekte asymptotische Verhalten der Wirbelviskosität nahe der Wand liefert, wird μ_t unter Verwendung der Funktion $f_{\nu 1}$ bestimmt, welche mit der Hilfsgröße

$$X = \frac{\tilde{\nu}}{\nu} \qquad \text{als} \qquad f_{v1} = \frac{X^3}{X^3 + C_{v1}^3} \tag{3.24}$$

definiert ist. Die Transportgleichung für eine effektive Viskosität lässt sich bestimmen zu

$$\frac{\partial \tilde{\nu}}{\partial t} + \vec{v} \cdot \nabla \tilde{\nu} = \frac{1}{\sigma} \left[\nabla \cdot \left[(\nu + (1 + C_{b2}) \tilde{\nu}) \nabla \tilde{\nu} \right] - C_{b2} \tilde{\nu} \nabla \tilde{\nu} \right] + S_T, \tag{3.25}$$

in der $\vec{v}$ der Geschwindigkeitsvektor, S_T der Vektor des Quellterms sowie σ und C_{b2} Konstanten sind. Der Quellterm beinhaltet einen Produktionsterm und einen destruktiven Term:

$$S_T = \nu P(\nu) - \nu D(\nu). \tag{3.26}$$

Der Produktionsterm P und der Dissipationsterm D sind als

$$\tilde{\nu} P(\tilde{\nu}) = C_{b1} \tilde{S} \tilde{\nu} \qquad \text{und} \qquad \tilde{\nu} D(\tilde{\nu}) = \varepsilon = C_{w1} f_w \left(\frac{\tilde{\nu}}{y} \right)^2 \tag{3.27}$$

beschrieben. Der Produktionsterm wird weiterhin mit den folgenden Beziehungen bestimmt:

$$\tilde{S} = S f_{v3} + \left(\frac{\tilde{\nu}}{\kappa^2 y^2} \right) f_{v2}, \quad f_{v2} = \frac{1}{(1 + X/C_{v2})^3} \quad \text{und} \quad f_{v3} = \frac{(1 + X f_{v1})(1 - f_{v2})}{X}. \tag{3.28}$$

Dabei wird die Größe S im Produktionsterm über den Betrag der Wirbelstärke mit $S = |\Omega|$ definiert. Der lokale Wandabstand wird hier mit y bezeichnet. Die Funktion f_w ist im Dissipationsterm der Gleichung 3.27 als

$$f_w = g\left[\frac{(1+C_{w3}^6)}{(g^6+C_{w3}^6)}\right]^{\frac{1}{6}} \qquad \text{mit} \qquad g = r + C_{w2}\left(r^6 - r\right) \qquad \text{und} \qquad r = \frac{\tilde{\nu}}{\tilde{S}\kappa^2 y^2} \tag{3.29}$$

bestimmt. Sie stellt eine empirische Funktion dar, die zu einer festen Wand hin den Wert 1 annimmt und in großer Entfernung von der Wand verschwindet.

Die Konstante C_{w1} wird mit folgender Beziehung gebildet:

$$C_{w1} = \frac{C_{b1}}{\kappa^2} + \frac{(1+C_{b2})}{\sigma} \tag{3.30}$$

Die empirischen Konstanten, welche in den dargelegten Gleichungen Verwendung finden, sind in Tabelle 3.1 festgehalten.

Tabelle 3.1. Empirische Konstanten des Spalart-Allmaras Modelles, NUMECA [51]

Konstante:	C_{w2}	C_{w3}	C_{v1}	C_{v2}	C_{b1}	C_{b2}	κ	σ
Wert:	0.3	2.0	7.1	5.0	0.1355	0.622	0.41	2/3

3.7. Numerische Berechnungsverfahren

Die in Abschnitt 3.5 erläuterten Erhaltungsgleichungen (RANS-Gleichungen) für Masse, Impuls und Energie und die Transportgleichungen für turbulente Größen bilden ein System gekoppelter, nichtlinearer partieller Differentialgleichungen, welches numerisch gelöst werden kann. Die Differentialgleichungen werden dabei im numerischen Rechenraum mit Differenzengleichungen diskretisiert und die Erhaltungsgleichungen an sogenannten Kontrollvolumen aufgestellt. Dabei kann in zwei prinzipielle Verfahren unterschieden werden, die Anwendung der Integralform der Erhaltungsgleichungen führt auf die Finite-Volumen-Methode währenddessen die Differentialform dieser Gleichungen die Finite-Differenzen-Methode darstellt, bei hinreichend kleinen Kontrollvolumen sind beide Verfahren mathematisch gleichwertig. Die dabei verwendeten Rechenalgorithmen sind ausführlich in Hirsch [32] beschrieben. Allgemein läßt sich der prinzipielle Ablauf einer numerischen Strömungssimulation in die folgenden Schritte unterteilen:

1. Preprocessing:
Der zu betrachtende Rechenraum wird in finite Kontrollvolumen diskretisiert, man spricht wegen den dabei entstehenden Schnittlinien der Kontrollzellen von Vernetzung. Anschließend werden alle zur Rechnung benötigten Randbedingungen an den Ein- und Ausströmflächen oder an soliden Wänden appliziert. Bei komplexen Rechengebieten mit einer großen Anzahl von Zellen kann auch die Zerlegung des Gesamtvolumens in Teilblöcke zur effektiveren parallelen Berechnung notwendig werden.

2. Processing:
Die Differenzengleichungen werden iterativ durch Algorithmen mit unterschiedlichen mathematisch-numerischen Ansätzen gelöst. Der grundlegende Unterschied liegt dabei in der zeitlichen Diskretisierung, welche implizite Verfahren von Expliziten trennt. Die Genauigkeit der erreichten Lösung des Strömungsfeldes wird durch die Residuen angegeben, welche den Restfehler repräsentieren.

3. Postprocessing:
Die Hauptaufgabe des Postprocessing ist die Visualisierung des Strömungsfeldes, um die Qualität der Lösung bewerten zu können oder Einblicke in detaillierte Strömungsphänomene zu ermöglichen. Zur Auswertung der in dieser Arbeit vorgestellten Ergebnisse wird eine Reduktion der Datenmengen notwendig. Diese geschieht in Form von zeitlichen und räumlichen Mittelungsprozeduren. Die Qualität der numerischen Rechnung kann beispielsweise im Vergleich mit experimentellen Messdaten validiert werden.

3.8. Vernetzung - Räumliche Diskretisierung

Da die Qualität der Vernetzung den wichtigsten Einflussparameter für die Güte der numerischen Berechnung darstellt, muss ein Kompromiss zwischen ausreichend genauer Abbildung der komplexen Geometrien des Rechenraumes und vertretbarem Rechenaufwand gefunden werden. Bereiche mit zu erwartenden hohen Gradienten (Grenzschichten, Nachlaufgebiete, Verdichtungsstöße, Radialspalte) bedürfen besonders feiner Auflösungen, währenddessen Passagen im Hauptströmungsgebiet geringerer Netzdichten genügen. Das in dieser Arbeit verwendete Programmpaket erstellt beim Preprocessing strukturierte Multiblock-Netze, welche nun näher beschrieben werden:

Strukturierte Multiblock-Netze verbinden mehrere strukturierte Teilnetze miteinander, um auch komplexe Geometrien mit numerisch genaueren strukturierten Netzen zu diskretisieren. Dadurch können mögliche Gebiete mit hohen Gradienten feiner vernetzt werden, ohne jedoch außerhalb dieser Zonen die Zellenzahl unnötig ansteigen zu lassen. Desweiteren bringt die Multiblock-Technik den Vorteil der einfacheren Implementierbarkeit zu parallelen Rechenverfahren. Die möglichen Gittertopologien der dabei verwendeten Teilblöcke sind als C-Gitter, H-Gitter und O-Gitter bekannt.
Abbildung 3.2 zeigt ein typisches Beispiel für ein Multiblock-Netz in einer 4-H-O Konfiguration. Dabei wird die Passage mit einem unmittelbar um die Schaufel gelegten O-Block und mit vier angrenzenden H-Blöcken beschrieben.

Weiterhin wendet der strukturierte Strömungslöser *Euranus* des Programmpakets die Multigrid-Methode an. Sie ist nach Hirsch [31] eine der effektivsten Iterationstechniken für das Lösen von linearen Gleichungssystemen. Sie wurde entwickelt, um die nur langsam fortschreitende asymptotische Konvergenz aufgrund des alternierenden Verhaltens der Residuen bei der Lösung der diskretisierten Erhaltungsgleichungen entscheidend zu beschleunigen. Die Grundlage sind genannte multigridfähige Rechennetze, die eine Vergröberung durch Überspringen von Netzknoten in der jeweiligen Blockrichtung (i, j, k) zulassen. Einzelheiten können in der Dokumentation [51] nachgeschlagen werden.

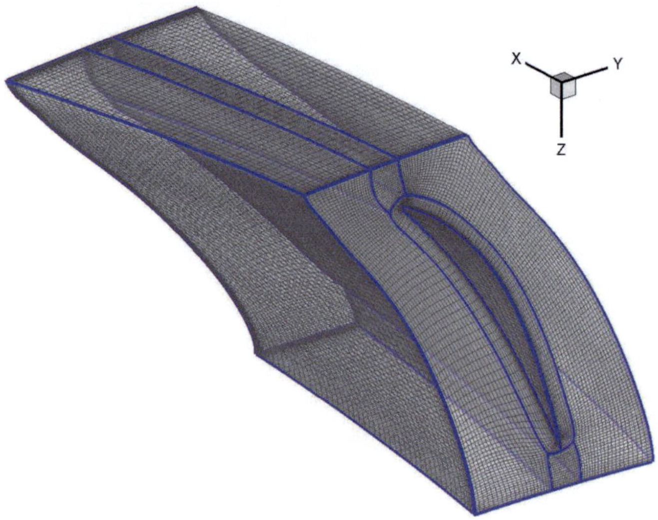

Abbildung 3.2. Diskretisierte Passage einer Rotorschaufel

3.9. Zeitliche Diskretisierung

Nach der Art der zeitlichen Diskretisierung kann man die Lösungsalgorithmen in explizite und implizite Verfahren einteilen. Der hier verwendete Strömungslöser *Euranus* basiert auf dem expliziten Verfahren und wird nachstehend kurz erläutert:

Explizite Methoden stellen einen relativ einfachen zeitlichen Diskretisierungsansatz dar, bei dem der Lösungsvektor $\vec{Q}^{t+\Delta t}$ zum Zeitpunkt $t+\Delta t$ nur von Variablen des Lösungsvektors $\vec{Q}^t$ am Zeitpunkt t abhängt. Nachteil der expliziten Verfahren ist allerdings ein eingeschränkter zeitlicher Stabilitätsbereich, welcher durch die sogenannte CFL-Zahl (nach *C*ourant, *F*riedrichs und *L*ewy) repräsentiert werden kann, die global die Zeitschrittweite Δt in Abhängigkeit der Netzauflösung Δx skaliert. Dieser CFL-Bedingung liegt das Problem zugrunde, dass der numerische Zeitschritt Δt limitiert werden muss, damit eine sich mit Schallgeschwindigkeit a ausbreitende Störung nicht das lokale Einflussgebiet Δx verlassen kann (entspricht $CFL \leq 1$). Um dieser Restriktion für Δt bei feineren Netzen und dem damit verbundenen erhöhten Rechenaufwand aufgrund der zu berechnenden Zeitschritte entgegenzuwirken, besitzen moderne explizite Lösungsalgorithmen Diskretisierungsansätze mit teilweise implizitem Charakter, wodurch deutlich größere CFL-Zahlen möglich sind. Eine weitere Möglichkeit zur Konvergenzbeschleunigung bei stationären Rechnungen ist die Verwendung lokaler statt globaler Zeitschritte, wodurch der Zeitschritt Δt_i jeder Einzelzelle Δx_i maximiert wird. Die hier angesprochenen Methoden sind im Strömungslöser *Euranus* des in dieser Arbeit verwendeten Programmpakets $FINE^{TM}/Turbo$ implementiert, welches auf einem expliziten Runge-Kutta-Verfahren basiert. Weiterführende theoretische Abhandlungen dazu sind in Hirsch [31, 32] zu finden, ausführliche Beschreibungen im Handbuch des CFD-Lösers NUMECA [51].

3.9.1. Zeitabhängigkeit der Lösung

Grundsätzlich kann man stationäre (zeitunabhängige) von instationären (zeitgenauen) Lösungen des Strömungsfeldes unterscheiden.

Stationäre Lösung:
Bei stationären Lösungen wäre es folglich möglich, alle zeitabhängigen Terme aus den Erhaltungsgleichungen zu eliminieren ($\frac{\partial}{\partial t} = 0$). Der mathematische Charakter der stationär formulierten Navier-Stokes-Gleichungen ist im Unterschall ($Ma < 1$) elliptisch und im Überschall ($Ma > 1$) hyperbolisch, der Typ der Differentialgleichungen bei instationärer Beschreibung ist hingegen, unabhängig vom Strömungszustand, immer hyperbolisch. Um einen sehr aufwendigen Wechsel der Lösungsalgorithmen in stationären transsonischen Berechnungen zu vermeiden, wurde 1966 von Moretti vorgeschlagen, die zeitliche Abhängigkeit in den stationären Gleichungen beizubehalten und die Zeitableitung als numerischen Iterationsterm zu verwenden (Pseudozeitkonzept), der bei der Konvergenz der stationären Lösung verschwindet. Die transformierten Navier-Stokes-Gleichungen 3.1 können in Kurzform geschrieben werden

$$\frac{\partial \vec{\tilde{Q}}}{\partial t} - \vec{\tilde{R}}(\vec{\tilde{Q}}) = 0 \tag{3.31}$$

$$\text{mit} \quad \vec{\tilde{Q}} = D\vec{\tilde{Q}} \quad \text{und} \quad \vec{\tilde{R}}(\vec{\tilde{Q}}) = -\frac{\partial(\vec{\tilde{E}} - \vec{\tilde{E}}_v)}{\partial \xi} - \frac{\partial(\vec{\tilde{F}} - \vec{\tilde{F}}_v)}{\partial \eta} - \frac{\partial(\vec{\tilde{G}} - \vec{\tilde{G}}_v)}{\partial \zeta} \quad . \tag{3.32}$$

Zusätzlich zur physikalischen Zeit t wird eine künstliche, numerische Pseudozeit τ in Gleichung 3.31 eingeführt:

$$\frac{\partial \vec{\tilde{Q}}}{\partial \tau} = \frac{\partial \vec{\tilde{Q}}}{\partial t} - \vec{\tilde{R}}(\vec{\tilde{Q}}) = \vec{\hat{R}}(\vec{\tilde{Q}}) \tag{3.33}$$

und das auftretende, modifizierte Residuum $\vec{\hat{R}}(\vec{\tilde{Q}})$ konvergiert in Analogie zur stationären Rechnung in Richtung Null.

Instationäre Lösung:
Zur Simulation von instationären Strömungen ist die zeitgenaue Diskretisierung in den Erhaltungsgleichungen erforderlich. Der wie schon erwähnt auf dem expliziten Runge-Kutta-Vierschritt-Verfahren basierende Strömungslöser EURANUS verwendet dabei folgenden Algorithmus für den Zeitschritt von t_n auf $t_{n+1} = t + \Delta t$

$$\begin{aligned}
\vec{\tilde{Q}}^{(0)} &= \vec{\tilde{Q}}_n \\
\vec{\tilde{Q}}^{(1)} &= \vec{\tilde{Q}}^{(0)} + \alpha_1 \Delta t D^{-1} \vec{\tilde{R}}(\vec{\tilde{Q}}^{(0)}) \\
\vec{\tilde{Q}}^{(2)} &= \vec{\tilde{Q}}^{(0)} + \alpha_2 \Delta t D^{-1} \vec{\tilde{R}}(\vec{\tilde{Q}}^{(1)}) \\
\vec{\tilde{Q}}^{(3)} &= \vec{\tilde{Q}}^{(0)} + \alpha_3 \Delta t D^{-1} \vec{\tilde{R}}(\vec{\tilde{Q}}^{(2)}) \\
\vec{\tilde{Q}}^{(4)} &= \vec{\tilde{Q}}^{(0)} + \alpha_4 \Delta t D^{-1} \vec{\tilde{R}}(\vec{\tilde{Q}}^{(3)}) \\
\vec{\tilde{Q}}_{n+1} &= \vec{\tilde{Q}}^{(4)} \quad .
\end{aligned} \tag{3.34}$$

Im Unterschied zu stationären Rechnungen erfordert die Zeitgenauigkeit hingegen einen einheitlichen, globalen Zeitschritt Δt. Die in Gleichung 3.34 verwendeten Runge-Kutta-Koeffizienten α_i sind für die in EURANUS möglichen räumlichen Diskretisierungsschemata *central*, *upwind* 1.Ordnung und *upwind* 2.Ordnung auf optimale Stabilitätseigenschaften abgestimmt worden und sind in Tabelle 3.2 aufgeführt.

Tabelle 3.2. Koeffizienten des Runge-Kutta-Verfahrens, NUMECA [51]

Koeffizient	α_1	α_2	α_3	α_4
central	0.125	0.306	0.587	1.0
upwind 1.Ordnung	0.083	0.207	0.427	1.0
upwind 2.Ordnung	0.108	0.260	0.505	1.0

3.9.2. Der Ansatz des bewegten Netzes (Domain-Scaling Methode)

Die im Programmpaket $FINE^{TM}/Turbo$ verankerte Domain-Scaling Methode zählt zu den vollständig instationären Rechenverfahren und entspricht dem beschriebenen Muster der instationären Lösung. Bei der Berechnung werden sogenannte bewegte Netze (*sliding-mesh-approach*) verwendet. Für jeden Zeitschritt wird die Relativposition zwischen Absolutsystem (Stator) und Relativsystem (Rotor) um einen vom Nutzer bestimmten Wert weiter gesetzt. Somit wird das Strömungsfeld für jede Relativposition (innere Iteration) berechnet. Um das Einschwingverhalten der Rechnung zu kompensieren, müssen mehrere Durchläufe (äußere Iteration) realisiert werden.
Durch die separaten iterativen Berechnungen nimmt diese Methode entsprechend viel Zeit in Anspruch. Weiterhin müssen bei Verwendung der Domain-Scaling Methode die Periodizitäten bzw. Teilungsverhältnisse der vernetzten Strömungsbereiche übereinstimmen, da bei der Strömungsfeldberechnung kein *Interface* verwendet wird. Das heißt, bei ungleicher Schaufelanzahl müssen, entsprechend des kleinsten gemeinsamen Vielfachen, mehrere Passagen pro Gitter vernetzt werden. Bei ungünstigen Periodizitäten der Gitter muss das Teilungsverhältnis skaliert (*Domain-Scaling*) werden, bis das erstellte Netz den Anforderungen genügt. Der Speicherbedarf solch einer Rechnung entspricht dem einer stationären Rechnung.

3.9.3. Die Methode der nicht-linearen Harmonischen (NLH)

Die NLH Methode zählt zu den instationären Rechenmethoden. Sie verwendet sogenannte deterministische Spannungen, um den überlagerten instationären Charakter der zeitgemittelten Lösung zu beschreiben. Dieser Ansatz wurde erstmals 1985 von Adamczyk [1] vorgeschlagen. Hierbei hängt die Genauigkeit der Lösung im Wesentlichen von der Methodik ab, mit welcher die deterministischen Spannungen beschrieben werden. Zur Berechnung werden ebenfalls die in Kapitel 3.5 beschriebenen RANS Gleichungen herangezogen. Einzelheiten sind in der Dokumentation des Programmpakets NUMECA [53] ersichtlich. Prinzipiell werden die stationären Transportgleichungen der zeitgemittelten Lösung und die Schwankungen der harmonischen Störungen gelöst. Für die in kartesischen Koordinaten dargestellte Strömungsvariable Y gilt:

$$\vec{Y} = \begin{bmatrix} \rho \\ \rho\vec{w} \\ \rho e_t \end{bmatrix} \quad \text{in der} \quad \vec{w} = \begin{bmatrix} w_x \\ w_y \\ w_z \end{bmatrix} \quad \text{die Relativgeschwindigkeit darstellt.} \qquad (3.35)$$

Die Variable wird nun als Superposition des zeitgemittelten Wertes und der Summe der periodischen Störungen verstanden, wobei die periodischen Störungen wiederum in die Anzahl N der harmonischen Anteile gemäß einer Fouriertransformation zerlegt werden:

$$Y(\vec{r},t) = \overline{Y}(\vec{r}) + \sum Y'(\vec{r},t) \quad \text{mit} \quad Y'(\vec{r},t) = \sum_{k=1}^{N} \left[\tilde{Y}_k(\vec{r}) e^{j\omega_k t} + \tilde{Y}_{-k}(\vec{r}) e^{-j\omega_k t} \right] \tag{3.36}$$

In dieser Darstellung ist t die Zeit und $\vec{r}$ der Richtungsvektor. Die erste Harmonische mit $k = 1$ wird als die fundamentale Harmonische bezeichnet und ist die Blattfolgefrequenz (BPF), welche somit die Grundfrequenz darstellt. Die harmonischen Amplituden sind komplexe Konjugierte der Form:

$$\tilde{Y}_k(\vec{r}) = \tilde{Y}_{k,Re} + j\tilde{Y}_{k,Im} \quad \text{und} \quad \tilde{Y}_{-k}(\vec{r}) = \tilde{Y}_{k,Re} - j\tilde{Y}_{k,Im} \tag{3.37}$$

Bei der Diskretisierung der Gleichungen wird die Variable durch die zerlegten Anteile ersetzt

$$Y(\vec{r},t) = \overline{Y}(\vec{r}) + \sum \sum_{k=1}^{N} \left[\tilde{Y}_k(\vec{r}) e^{j\omega_k t} + \tilde{Y}_{-k}(\vec{r}) e^{-j\omega_k t} \right], \tag{3.38}$$

was nach Einsetzen in die RANS Gleichungen zu zwei eigenständigen Gleichungen führt. Diese werden folgend aufgezeigt.

Zeitgemittelte Gleichung

Die zeitgemittelte Gleichung wird durch das zeitliche Mitteln der instationären Gleichungen gewonnen. Dies entspricht einem Ensemble-Mittel, wobei die instationären Störungen als periodische Störungen verstanden werden. Dabei wird angenommen, dass die periodischen Störungen die turbulenten Fluktuationen überwiegen. Die resultierende zeitgemittelte Gleichung kann nun gemäß einer Finite Volumen Methode als

$$\Upsilon_l \left. \frac{d\overline{Y}}{dt} \right|_l = -\sum_{\mathrm{S}} \vec{F}_{konvektiv} \vec{S} + \sum_{\mathrm{S}} \vec{F}_{viskos} \vec{S} + \Upsilon_l \Psi_l \tag{3.39}$$

formuliert werden, in der Υ_l das Volumenelement (VE) mit der dazugehörigen Elementnummer l repräsentiert. $\vec{F}_{konvektiv}$ und $\vec{F}_{viskos}$ sind die diskretisierten Flussvektoren und Ψ ein Quellterm, welcher beispielsweise die Coriolis- und Zentripetalterme beinhaltet.

In Analogie zu der in Kapitel 3.5 beschriebenen Reynolds-Mittelung, bei der die sogenannten turbulenten Scheinspannungen (Reynolds-Spannungstensor) entstehen, treten hier auf Grund des nicht-linearen Charakters in der zeitgemittelten Gleichung die deterministischen Spannungen als fiktive Rechengröße in gleicher Art und Weise auf.

$$\vec{F}_{konvektiv} \vec{S} = \begin{bmatrix} \overline{\rho \vec{w}} \vec{S} \\ (\overline{\rho \vec{w}} \vec{S}) \overline{w}_x + \overline{p} S_x \\ (\overline{\rho \vec{w}} \vec{S}) \overline{w}_y + \overline{p} S_y \\ (\overline{\rho \vec{w}} \vec{S}) \overline{w}_z + \overline{p} S_z \\ (\overline{\rho \vec{w}} \vec{S}) \overline{h_t} \end{bmatrix} + Det_{konvektiv} \quad \text{mit} \quad Det_{konvektiv} = \begin{bmatrix} 0 \\ \overline{w'_x \left((\rho \vec{w})' \vec{S} \right)} \\ \overline{w'_y \left((\rho \vec{w})' \vec{S} \right)} \\ \overline{w'_z \left((\rho \vec{w})' \vec{S} \right)} \\ \overline{h'_t \left((\rho \vec{w})' \vec{S} \right)} \end{bmatrix} \tag{3.40}$$

und den viskosen Termen der Form

$$\vec{F}_{viskos}\vec{S} = \begin{bmatrix} 0 \\ \overline{D_x\vec{S}} \\ \overline{D_y\vec{S}} \\ \overline{D_z\vec{S}} \\ B\vec{S} + \overline{q} \end{bmatrix} + \begin{bmatrix} 0 \\ 0 \\ 0 \\ 0 \\ Det_{viskos} \end{bmatrix} \tag{3.41}$$

in der D_x, D_y und D_z die Spannungsterme bedeuten und

$$B = \begin{bmatrix} 0 \\ \overline{D_x\vec{w}} \\ \overline{D_y\vec{w}} \\ \overline{D_z\vec{w}} \end{bmatrix} \quad \text{mit} \quad Det_{viskos} = \begin{bmatrix} 0 \\ \overline{D'_x\vec{w}'} \\ \overline{D'_y\vec{w}'} \\ \overline{D'_z\vec{w}'} \end{bmatrix} \vec{S} \tag{3.42}$$

den deterministischen viskosen Spannungen.

Harmonische Gleichung

Die Harmonische Gleichung entspricht einer Transportgleichung, welche man für jede Frequenz ω_k der komplexen Amplitude $\tilde{Y}$ erhält, indem die Terme erster Ordnung in den eigentlichen instationären Gleichungen (Basisgleichungen) beibehalten werden. Die daraus resultierende Harmonische Gleichung kann analog einer Finite Volumen Methode als

$$\Upsilon_l \left.\frac{d\tilde{Y}}{dt}\right|_l = -j\Upsilon\omega\tilde{Y} - \sum_S \tilde{\vec{F}}_{konvektiv}\vec{S} + \sum_S \tilde{\vec{F}}_{viskos}\vec{S} + \Upsilon_l\tilde{\Psi}_l \tag{3.43}$$

formuliert werden, in der Υ_l das Volumenelement mit der dazugehörigen Elementnummer l repräsentiert. $\tilde{\vec{F}}_{konvektiv}$ und $\tilde{\vec{F}}_{viskos}$ sind die harmonischen diskretisierten Flussvektoren und Ψ ein Quellterm, welcher beispielsweise die linearisierten Coriolis- und Zentripetalterme beinhaltet. Für die Flussvektoren kann nun geschrieben werden:

$$\tilde{\vec{F}}_{konvektiv}\vec{S} = \begin{bmatrix} \widetilde{\rho\vec{w}\vec{S}} \\ \overline{w_x}(\widetilde{\rho\vec{w}\vec{S}}) + \tilde{w}_x(\overline{\rho\vec{w}\vec{S}}) + \tilde{p}S_x \\ \overline{w_y}(\widetilde{\rho\vec{w}\vec{S}}) + \tilde{w}_y(\overline{\rho\vec{w}\vec{S}}) + \tilde{p}S_y \\ \overline{w_z}(\widetilde{\rho\vec{w}\vec{S}}) + \tilde{w}_z(\overline{\rho\vec{w}\vec{S}}) + \tilde{p}S_z \\ \overline{h_t}(\widetilde{\rho\vec{w}\vec{S}}) + \tilde{h}_t(\overline{\rho\vec{w}\vec{S}}) \end{bmatrix} \quad \text{und} \quad \tilde{\vec{F}}_{viskos} = \begin{bmatrix} 0 \\ \tilde{D}_x\vec{S} \\ \tilde{D}_y\vec{S} \\ \tilde{D}_z\vec{S} \\ \tilde{B}\vec{S} + \tilde{q} \end{bmatrix} \tag{3.44}$$

mit

$$B = \begin{bmatrix} 0 \\ \tilde{D}_x\overline{\vec{w}} + \overline{D}_x\tilde{\vec{w}} \\ \tilde{D}_y\overline{\vec{w}} + \overline{D}_y\tilde{\vec{w}} \\ \tilde{D}_z\overline{\vec{w}} + \overline{D}_z\tilde{\vec{w}} \end{bmatrix} \tag{3.45}$$

Die Lösung kann gemäß Gleichung 3.38 basierend auf der zeitgemittelten und komplexen harmonischen Lösungen der Gleichungen 3.39 und 3.43 in der Zeit rekonstruiert werden. Die deterministischen Spannungen werden direkt von den harmonischen Werten berechnet. Die auftretenden Spannungen werden durch die Fluktuationen f' und g' als Summe der Real- (Re) und Imaginärteile (Im)

$$\overline{f'g'} = 2\sum_k \left[Re(\tilde{f}_k)Re(\tilde{g}_k) + Im(\tilde{f}_k)Im(\tilde{g}_k)\right] \tag{3.46}$$

verstanden.

Die so gewonnene NLH Lösung entspricht einer instationären Lösung. Die Lösung ist erst dann als vollständig instationär zu bezeichnen, wenn mit $k = \infty$ alle Schwankungen aufgelöst werden. Dies ist im Allgemeinen bei der Berechnung von Turbomaschinen nicht notwendig, da der überwiegende Teil der im Strömungsfeld dominierenden Amplituden innerhalb der ersten drei Harmonischen auftritt.

Prinzipiell kann gesagt werden, dass die Strömung zeitgemittelt (quasi-stationär) unter Beachtung der harmonischen Amplituden im Frequenzspektrum berechnet wird. Die Lösung wird gemäß einer Fouriertransformation in der Zeit rekonstruiert und man erhält die gewünschten Zeitschritte ähnlich einer voll instationär berechneten Lösung. Wie solche harmonischen Störungen in einem Verdichter entstehen, soll nun kurz erläutert werden:
Instationäre Druckschwankungen in einer mehrstufigen Turbomaschine entstehen durch die instationäre Interaktion der Nachläufe und Potentialfelder zwischen feststehender und rotierender Beschaufelung. In der instationären Schaufeldruckverteilung, ebenso wie in den Strömungsfeldern, findet man bei zeitgenauen Messungen sogenannte Interferenzmuster. Es ist dabei entscheidend, dass die Staupunkte der Schaufeln die maßgeblichen Quellen sind, an denen der statische Druck sein Maximum erreicht. Die Druckminima treten in der Passage auf. Die hinteren Staupunkte der Rotorschaufeln bilden bei Betrachtung im Absolutsystem ein bewegtes System einer periodischen Störung in Umfangsrichtung. Damit hat man eine harmonische Schwingung des statischen Druckes an der Hinterkante des Rotors. Die höheren Harmonischen der Blattfolgefrequenz resultieren aus der Form des zeitlichen Druckverlaufes von viskoser Nachlauf- und Staupunktströmung. In Abbildung 3.3 sind beispielhaft zwei mögliche Störungen und Beeinflussung der Strömung auf ein Rotorgitter gezeigt.

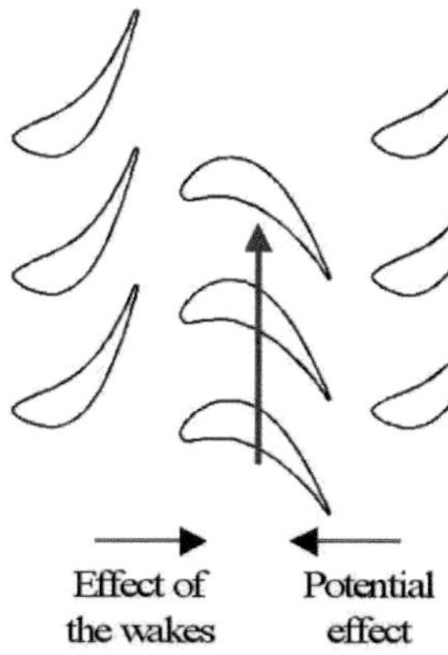

Abbildung 3.3. Einfluß von Potentialfeld und Nachlauf in einer Turbomaschine, NUMECA [52]

Der Ansatz der nicht-linearen Harmonischen ist eine Möglichkeit, solche instationären Vorgänge in einem Simulationsmodell mit stark verringerter Rechenzeit gegenüber den erwähnten instationären Rechenmethoden aufzulösen. Dies ist ein wesentlicher Vorteil der NLH-Methode. Die Genauigkeit und Rechenzeit einer NLH Lösung hängt davon ab, wie viele Frequenzen bzw. Harmonische der Blattfolgefrequenz und Störungen aufgelöst werden. Die erste Harmonische ist dabei die Blattfolgefrequenz (BPF). Im Allgemeinen genügt es, zwei bis drei Harmonische aufzulösen, um die zeitgenaue Lösung unter Verwendung der Fouriertransformation ausreichend genau zu rekonstruieren, NUMECA [51]. In Abbildung 3.4 ist der aufgelöste Nachlauf (blaue Kurve) einer Rotorschaufel ersichtlich. Mit Hilfe der ersten (grün), zweiten (orange) und dritten (rot) Harmonischen soll diese Nachlaufdelle abgebildet werden. Es ist zu erkennen, dass mit steigender Anzahl der Harmonischen der Nachlauf genauer abgebildet werden kann. Weiterhin ist der Einfluss der ersten und zweiten Harmonischen auf das Strömungsfeld, hier der Amplitude der Axialgeschwindigkeit V_z, des stromab befindlichen Statorgitters erkennbar. Die erste Harmonische übt primär einen instationären Charakter auf die Strömung in der Statorpassage aus. Es ist je nach Anwendungsfall ggf. mit experimentellen Daten zu überprüfen und zu validieren, welche Anzahl an Harmonischen im Simulationsmodell aufgelöst werden müssen, um bei der Berechnung globale und lokale Effekte im Strömungsfeld ausreichend genau zu erfassen und interpretieren zu können.

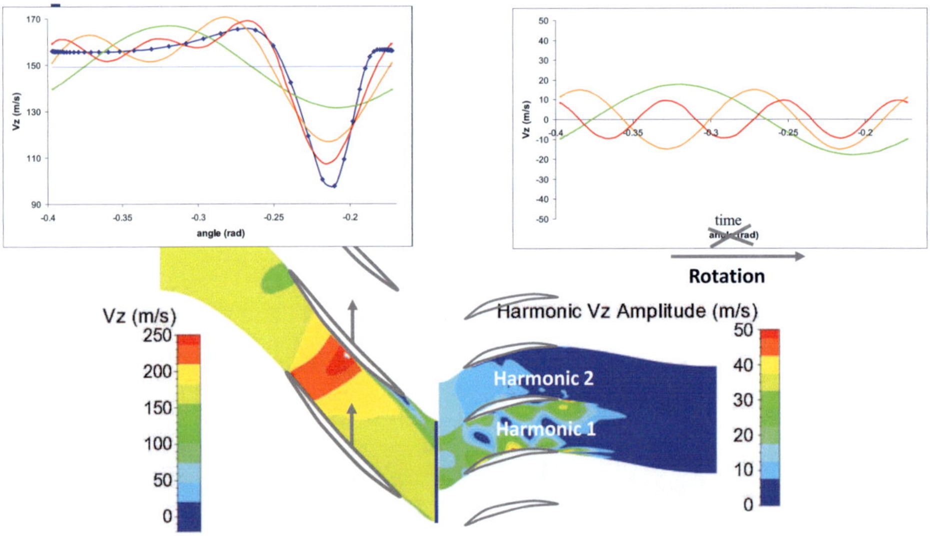

Abbildung 3.4. Einfluss der Harmonischen, NUMECA [51]

Weiterhin spielen unterschiedliche Teilungsverhältnisse keine Rolle, so dass ein Simulationsmodell geometrisch exakt modelliert werden kann und keine Skalierung, wie beispielsweise bei der Domain-Scaling Methode, angewendet werden muss. Ein weiterer Vorteil besteht in der Möglichkeit, die Lösung für eine ganze Schaufelreihe (Vollkreis) zu rekonstruieren, was im Programmpaket $FINE^{TM}/Turbo$ mit dem Modul *Harmo2Time* erfolgt. Zu beachten ist dabei, dass die erste aufgelöste Frequenz die Blattfolgefrequenz ist, da diese durch die Schaufelanzahl sowie die Drehzahl gegeben ist. Möchte man beispielsweise niederfrequente Störungen wie Modalwellen (siehe Kapitel 2.2) auflösen, ist es im Vergleich zu einer rein instationären Methode nicht notwendig, das gesamte Gitter zu vernetzen, jedoch muss man die auftretenden Frequenzen kennen und diese in der Berechnung vorgeben. In einer Untersuchung von Hembera [28] läßt sich beispielhaft der zeitliche Rechenaufwand einer Vollkreisrechnung und der notwendigen Diskretisierung der Rechennetze mit einem vollständig instationären Rechenverfahren im Vergleich zur NLH Methode zeigen, siehe Abbildung 3.5. In diesem Fall ist der zeitliche Gewinn an Rechenzeit der NLH Methode mit einem Faktor von 470 zu verzeichnen. Bei dieser Betrachtung würde der Faktor der in dieser Arbeit vorgestellten CFD Rechnungen (Abschnitt 7.1) bei 10 liegen, was immer noch einem signifikanten Zeitgewinn von einer Größenordnung entspricht.

Eine wesentliche Eigenschaft der NLH Methode ist die Anforderung an den Speicherbedarf, welcher sich auf Grund der erwähnten zusätzlichen Gleichung pro Störung und aufzulösender Anzahl an Harmonischen ergibt. Im Allgemeinfall kann hier ein Faktor von 6 gegenüber dem Speicherbedarf einer stationären Rechnung angegeben werden. Bei einem Vergleich mit einer rein instationärer Berechnung ist der Bedarf der NLH Methode geringer.
Details zu Testfällen und zur Validierung des Berechnungsverfahrens können in Vilmin [70] und Pyliouras [57] nachgeschlagen werden.

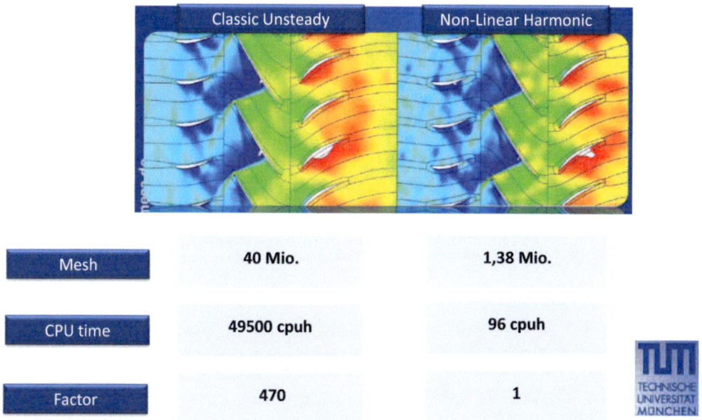

Abbildung 3.5. Vergleich der Rechenzeiten instationärer Rechenmethoden, NUMECA [51]

3.10. Räumliche Mittelungsprozeduren

Wie in Abschnitt 3.7 beschrieben, ist zur Auswertung der Rechenergebnisse eine Reduktion der Datenmengen erforderlich. Diese kann in Form von zeitlichen Mittelungen von instationären Berechnungen, als auch in räumlichen Mittelungsprozeduren (Teilungs- bzw. Umfangsmittelung) vollzogen werden. Da im späteren Verlauf dieser Arbeit des öfteren Variablen des Strömungsfeldes in Umfangsrichtung über das Rechengebiet gemittelt werden, soll die prinzipielle Vorgehensweise einer solchen Prozedur erwähnt werden. Ausgehend von einem Punkt $P(r, z)$, welcher sich in einer meridionalen Schnittebene des Rechennetzes befindet, kann die Umfangsmittelung einer Variable u des Feldes entlang eines Kreisbogens durch diesen Punkt in Zylinderkoordinaten wie folgt angegeben werden

$$\breve{u} = \frac{1}{\int\limits_{\phi} \psi d\phi} \int\limits_{\phi} \psi u d\phi \quad \text{mit} \quad \psi = \begin{cases} \rho v_m & \text{für Massenmittelung} \\ 1 & \text{für Flächenmittelung} \end{cases} . \tag{3.47}$$

Die Meridionalgeschwindigkeit $v_m = \sqrt{v_r^2 + v_z^2}$ setzt sich dabei aus den Anteilen der Radialgeschwindigkeit v_r und der Axialgeschwindigkeit v_z zusammen. Damit lassen sich alle zur Auswertung beziehungsweise zur weiteren Verwendung notwendigen Variablen in Abhängigkeit des Radius und der axialen Koordinate bestimmen ($u(r, \phi, z) \to \breve{u}(r, z)$).

4. Der Nieder-Geschwindigkeits-Verdichter

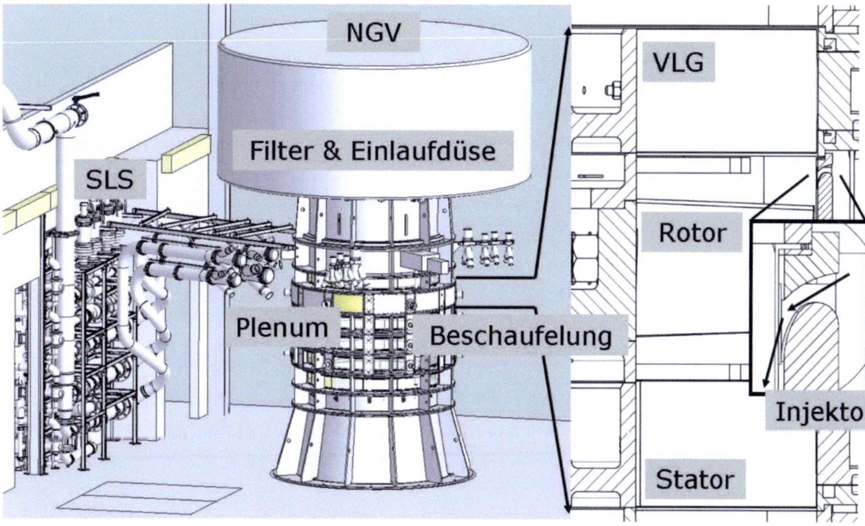

Abbildung 4.1. NGV A18: Sekundärluftsystem, Beschaufelung und Injektor

Der Nieder-Geschwindigkeits-Verdichter (NGV) der TU Dresden ist ein groß skalierter Versuchsverdichter für Forschungszwecke, welcher aus der Hochdruckstufe eines realen Flugtriebwerks abgeleitet worden ist, siehe Abbildung 4.1. Der NGV ist als ein 4.5 stufiger Axialverdichter mit vertikaler Achse entstanden. Der Läufer ist freischwingend in Topfbauweise ausgeführt. Der vertikale Aufbau bietet diverse Vorteile, darunter eine störungsfreie rotationssymmetrische Zuströmung, konstante Radialspalte über dem Verdichterumfang auf Grund fehlender Läuferdurchbiegung und Schwerkrafteinfluss, optimale Zugänglichkeit sowie einfache Montage des gesamten Verdichters inklusive aller messtechnischen Zusatzbauteile und ein platzsparender Aufbau.

Der Verdichter saugt Frischluft durch Lüftungsjalousien in der Dachlaterne der Messhalle an. Die Luft wird dabei durch 30 Taschenfilter mit einer Gesamtfläche von $156m^2$ vorgereinigt. Der Abscheidegrad der Filter beträgt 98% gegenüber synthetischem Staub (Filterklasse EU 5 nach DIN 24185). Über der Einlaufdüse des Verdichters befindet sich ein zweiter Filter in Form eines Filterkorbs mit einer Fläche von $32m^2$. Die Filtergüte entspricht einem Abscheidegrad von mehr als 98% gegenüber synthetischem Staub (Filterklasse EU 7 nach DIN 24185). An die Einlaufdüse schließt sich eine ca. 1000mm lange Zuströmstrecke mit einer Kanalhöhe von 120mm an. Die Strömung tritt dann in ein als Turbinengitter ausgelegtes Vorleitgitter ein, daß den Vordrall von ca. 15° für den ersten Rotor der vier Repetierstufen liefert. Stromab des 4. Stators folgt ein Diffusor mit einer Erweiterung der Kanalhöhe von 120mm auf 200mm.

Dem Diffusor schließt sich eine Ringdrossel zur Festlegung des Verdichterbetriebspunktes an. Diese Drossel lässt sich auf ±0.06mm positionieren, was einer Variation des Gegendrucks um ±10Pa entspricht. Nach Passieren der Drossel folgt ein Abluftkanal mit Hilfslüfter. Dieser Lüfter wird in einigen Betriebspunkten benötigt, um die Anlagenverluste zu kompensieren. Nach einer weiteren Umlenkung tritt die Strömung durch einen Kamin in die Umgebung aus.

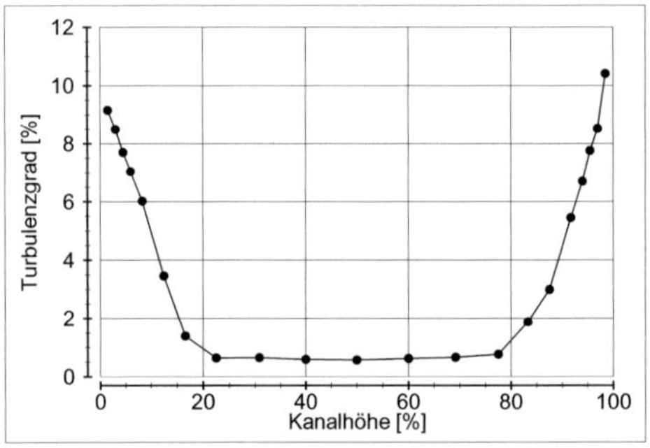

Abbildung 4.2. Turbulenzgrad in der Zuströmung (ME2)

Eine Entkopplung von den zwei Ähnlichkeitskennzahlen Reynolds- und Machzahl ist durch den offenen Betrieb nicht möglich. Im Auslegungspunkt wird eine Reynoldszahl bei einer Profillänge von 110mm (Rotor) von $Re = 5.24 \cdot 10^5$ bzw. bei einer Profillänge von 90mm (Stator) von $Re = 4.28 \cdot 10^5$ erreicht. Die maximale Machzahl liegt bei Ma=0.22.

Tabelle 4.1. NGV Dresden - Auslegungsparameter

NGV - 1.5 stufig			
Reynoldszahl, Eintritt Rotor, MS (basierend auf Sehnenlänge Rotor)	$5.7 \cdot 10^5$		
Machzahl, Eintritt Rotor, MS	0.22		
Drehzahl, AP	1000UPM		
Massenstrom, AP	25.35kg/s		
Durchsatzkoeffizient φ, AP	0.553		
Druckkoeffizient Ψ, AP	0.794		
Nabendurchmesser	1260mm		
Nabenverhältnis	0.84		
Kanalhöhe	120mm		
Axialabstand zwischen den Reihen, MS	32mm		
	VLG	Rotor	Stator
Schaufelanzahl	51	63	83
Sehnenlänge, MS	80mm	110mm	89mm
Staffelung, MS (gegen Umfang)	82.8°	49.3°	64.0°
Teilungsverhältnis, MS	0.941	1.597	1.709

In der Zuströmung wird ein Turbulenzgrad < 1% in der Nähe des Mittelschnitts eingehalten, der in der Seitenwandgrenzschicht maximal 10% erreicht. In Abbildung 4.2 ist der Turbulenzgradverlauf für die Zuströmung in Messebene 2 dargestellt. Die Auslegungsparameter und Hauptmerkmale des NGV sind in den Tabellen 4.1 und 4.2 dargelegt.

Tabelle 4.2. Hauptmerkmale des NGV

Durchströmung	von oben nach unten	
Antriebsleistung	500kW	
Drehzahl	$1 \ldots 1250\text{min}^{-1}$	$(\pm 0.5\text{min}^{-1})$
Nenndrehzahl	1000min^{-1}	
Präzisions-Drehmomentenwelle	5000Nm	(±2Nm)
Zugänglichkeit	72 Polycarbonatscheiben	(360°)
max. 4 stufig mit Vorleitgitter	Einzelstufen möglich	
Gegendruck über Drossel einstellbar		(±10Pa)

Der in dieser Arbeit untersuchte Verdichter mit der Bezeichnung Aufbau 18 ist das auf 1.5 Stufen reduzierte Modell des beschriebenen 4.5 stufigen Standardverdichters (Aufbau 2) mit einer konventionellen Beschaufelung, welche auf den Schaufelprofilen der Hochdruckstufe eines Flugtriebwerks basiert. Detaillierte Beschreibungen des Standard NGV und ausgewählte experimentelle Ergebnisse können in den Ausführungen Künzelmann et al. [36] und Sauer et al. [61] nachgeschlagen werden.
Die erste Stufe wurde mit der Beschaufelung unverändert übernommen und die Stufen 2 bis 4 durch Leerringe ersetzt. Die Statoren sind mit einem Radialspalt von 1.8mm zur Nabe ausgeführt. Zusammen mit der Technischen Universität Braunschweig wurden in einem vorangegangenen Gemeinschaftsprojekt Studien zur Untersuchung von Einblasmethoden an einem ähnlichen Versuchsverdichter durchgeführt. Dabei konnte eine optimale Konfiguration in Bezug auf die Verbesserung des Stabilitätsverhaltens aus den drei Hauptparametern, wie die Anzahl der zu verwendeten Injektoren, deren Schlitzbreite und der Einblasmassenstrom, gefunden werden. Einzelheiten zu den Untersuchungen können in Dobrzynski et al. [15] nachgeschlagen werden. Zusammen mit den aus der Literatur recherchierten Daten konnten Ähnlichkeiten in den Ergebnissen festgestellt werden. Dieser Erkenntnisstand bildete die Grundlage für die Übertragung und Ermittelung der Betriebsparameter einer aktiven Einblasung am NGV Dresden. In Tabelle 4.3 sind die festgelegten Betriebsparameter dargestellt. Dabei beziehen sich die prozentualen Angaben des Rotorspalts auf die Sehnenlänge am Außenschnitt von 116mm und die Einblasraten auf den Auslegungsmassenstrom von $\dot{m} = 25.35\text{kg/s}$.

Tabelle 4.3. Konfiguration und Messmatrix Aufbau A18

Konfiguration	Rotorspalt [%]	Einblasraten [%]	Injektoren
A18-01	1.3	0.80 und 1.10	10
A18-02	1.3	1.10 und 2.00	20
A18-03	1.3	0.55 und 0.70	5
A18-04	4.3	1.10 und 2.00	20
A18-05	4.3	0.80 und 1.10	10

Für die Untersuchungen mit aktiver Strömungskontrolle wurde der 1.5 stufige NGV mit dem in Kapitel 5 beschriebenen Sekundärluftsystem ausgestattet, um die einzublasende Luft zur Verfügung zu stellen. Des Weiteren wurden je nach Konfiguration Gehäusescheiben entfernt und durch eine bestimmte Anzahl aktiver Wandelemente (Injektoren) ersetzt, welche in Kapitel 5.6 näher beschrieben werden. Die verwendeten und im Text beschriebenen Messebenen sind im Anhang in Abbildung A.3 dargestellt.

4.1. Konventionelle Messtechnik

Zur Bestimmung der Drücke kommen am NGV verschiedene pneumatische Drucksonden zum Einsatz. Dabei wird der Druck über Schläuche zu piezoelektrischen Druckaufnehmern geführt. Am Sondenkopf auftretende Druckänderungen führen zu einem sehr geringen Luftmassestrom im Schlauchsystem, woraus eine Verzögerung und Dämpfung der Messgrößen resultiert. Möglichst kurze und dünne Leitungen verringern den Zeitversatz bei der Messung. Dem Nachteil der geringen zeitlichen Auflösung stehen dabei die Vorteile einer guten Mittelung und des Einsatzes kleiner Sonden gegenüber. Da jede Messung mit Sonden eine Wechselwirkung mit der Strömung darstellt, ist es notwendig, die Sondenabmessungen so gering wie möglich zu halten. Weiterhin übt der Sondenschaft einen nicht zu vernachlässigenden Einfluss auf die Messung aus. Aus diesem Grund sind die Sondenköpfe bei den verwendeten Drucksonden gekröpft. Basierend auf den Ausführungen von Müller [46] wird im Folgenden eine kurze Übersicht über die verwendeten Drucksonden mit ihren strömungsmechanischen Eigenschaften gegeben.

Pitotsonde:

Die Pitotsonde dient der Messung des Totaldrucks in der Eintrittsebene (ME2) und der Austrittsebene (ME13), siehe Abbildung 4.3. Sie zeigt bei Beachtung einiger konstruktiver Merkmale den Totaldruck mit großer Winkelunabhängigkeit sehr genau an.

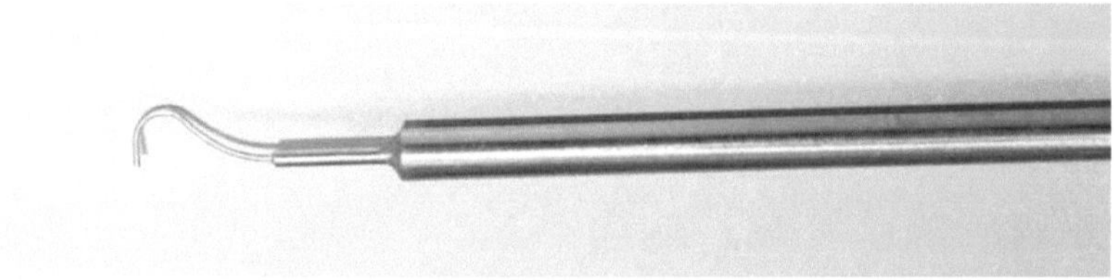

Abbildung 4.3. Pitotsonde mit Öffnung in der Drehachse

Beträgt die Öffnung das 0.7 fache des Rohraußendurchmessers, so besteht eine Winkelunabhängigkeit für Winkel bis $\pm 10°$. Wird die Öffnung konusförmig angefast, so dass sie in den Rohraußendurchmesser übergeht, kann eine Steigerung der Winkelunabhängigkeit bis auf $\pm 20°$ erreicht werden. Nach Wuest [77] steigt mit zunehmender Machzahl die Winkelunabhängigkeit weiter an. Wuest beschreibt außerdem den Einfluss des Turbulenzgrades auf die Druckmessung. Der Totaldruck wird bei einem mittleren Turbulenzgrad von 2% um 0.06% des dynamischen Drucks verfälscht. Bei den später dargestellten Messungen erreicht der dynamische Druck maximal 3000Pa, woraus ein Fehler in der Totaldruckmessung von 1.8Pa resultiert.

Kammsonde:

Die Kammsonde wird zur Bestimmung der Stufenkennwerte im Kennfeld genutzt. Die Sonde besteht aus einer Reihe von Pitotröhrchen, die senkrecht zum Sondenschaft angeordnet sind, Abbildung 4.4. Am NGV werden sogenannte Sondenkämme über der Kanalhöhe jeweils in den Messebenen stromab der Statoren eingesetzt. Dabei sind die neun einzelnen Röhrchen über der Kanalhöhe entsprechend der dominierenden Gradienten verteilt. Der Einstellwinkel der Sonden entspricht der mittleren Abströmung der Statoren. Bei der Auswertung kann keine winkelabhängige Korrektur vorgenommen werden, deshalb wird davon ausgegangen, dass die Fehlanströmung im Nachlauf des Stators den Bereich von $\pm 18°$ nicht überschreitet und der Fehler mit $< 0.6\%$ vernachlässigbar ist.

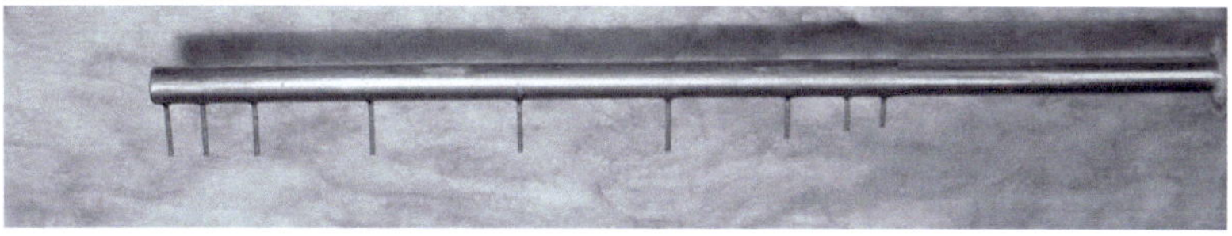

Abbildung 4.4. Kammsonde über der Kanalhöhe

Fünflochsonde:

Im Gegensatz zur Pitotsonde, mit der die Richtung der Strömung nur in einer Ebene senkrecht zur Schaftachse bestimmt werden kann, ist es möglich, mit einer Fünflochsonde den Abströmwinkel räumlich in zwei Ebenen zu erfassen, siehe Abbildung 4.5. Dies ist eine der Standardmessmethoden am NGV Dresden. Die Sonde hat einen kugelförmigen Kopf mit 2mm Durchmesser, in dem eine zentrale Druckbohrung in der Schaftachse und vier um jeweils 90° versetzte und unter einem Winkel von 50° gefertigte Druckbohrungen angebracht sind. Die Druckbohrungen haben einen Durchmesser von 0.3mm und sind senkrecht zur Kugeloberfläche gebohrt.

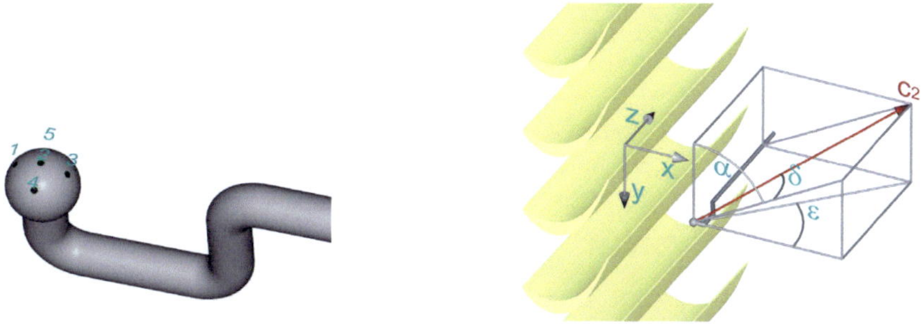

(a) Sondenkopf (schematisch) (b) Koordinatensystem

Abbildung 4.5. Fünflochsonde, Müller [46]

Die Drücke werden einzeln gemessen und nach einer entsprechenden Kalibrierung (Abschnitt A.3) können der Totaldruck und die Abströmwinkel bestimmt werden. Die Winkelbeziehungen ergeben sich aus der Darstellung in Abbildung 4.5(b). Bei der Verwendung einer kugelförmigen Sonde ist die gegenseitige Beeinflussung der Druckbohrungen gering.

Auch sind die Strömungsverhältnisse an einer Kugel in einem großen Reynoldszahlbereich bekannt. Nach Wuest [77] hängen die Drücke in einem Bereich von

$$2 \cdot 10^4 \leq Re_{FLS} \leq 1.5 \cdot 10^5 \qquad \text{mit} \qquad Re_{FLS} = \frac{c \cdot d_{FLS}}{\nu} \tag{4.1}$$

nur vom Winkel und nicht von der Strömungsgeschwindigkeit ab. Die Reynoldszahl bei der hier verwendeten Fünflochsonde liegt bei $9.3 \cdot 10^5$, somit muss eine geschwindigkeitsabhängige Kalibrierung erfolgen. Für die Bestimmung der Strömungsrichtung existieren zwei unterschiedliche Verfahren. Beim konventionellen Verfahren wird die Sonde in der Schaftachse solange in die Strömung eingedreht, bis die Druckdifferenz zwischen den Bohrungen 4 und 5 minimal wird. Die Nummerierung der fünf Bohrungen ist in Abbildung 4.5(a) ersichtlich. Der Strömungswinkel α kann nach diesem Abgleich direkt bestimmt werden. Zur Ermittlung des räumlichen Winkels δ werden ferner die Kalibrierdaten benötigt. Dieses Verfahren ist recht zeitaufwändig, da besonders bei stark fluktuierender Strömung lange Einstellzeiten notwendig sind. Die Bestimmung des Strömungswinkels in den Nachläufen ist trotz großer Winkeländerungen unproblematisch. Lediglich bei der Messung in Strömungen mit starken Gradienten im statischen Druck wird der Winkel falsch gemessen, da die abzugleichenden Bohrungen 4 und 5 unter einem unterschiedlichen örtlichen Druck stehen.
Im Gegensatz dazu steht ein zweites Verfahren, bei dem die fünf Drücke in einer beliebigen Anströmrichtung erfasst werden und die gesuchten Größen auf der Grundlage der für jede Sonde einzeln eingemessenen räumlichen Charakteristiken berechnet werden. Weitere Informationen zu dieser Methode sind in den Unterlagen von Kitzing [33] und Nitsche [50] zu finden. Um Fehler zu vermeiden, muss die Sonde jedoch so nachgedreht werden, dass sie immer ungefähr in der Strömungsrichtung steht. Der bei diesem Verfahren erforderliche einmalige Aufwand bei der Kalibrierung der Sonde steht dem Vorteil kürzerer Messzeiten und einer einfachen Sondenverstelleinrichtung gegenüber. Die Sonde wird in einem Winkelbereich von $-30° < \alpha < +30°$ und $-30° < \delta < +30°$ in einem kleinen Winkelraster kalibriert, um die räumlichen Charakteristiken aufzunehmen. Die Messwerterfassung mit den Sonden, welche am NGV zum Einsatz kommen, wird gegenwärtig unter Anwendung des ersten Messverfahrens realisiert.

Wanddruckmessung:

Die Messung der statischen Drücke über den Verdichterumfang erfolgt an den Wänden umströmter Körper durch Einbringung kleiner Bohrungen an der Wand.

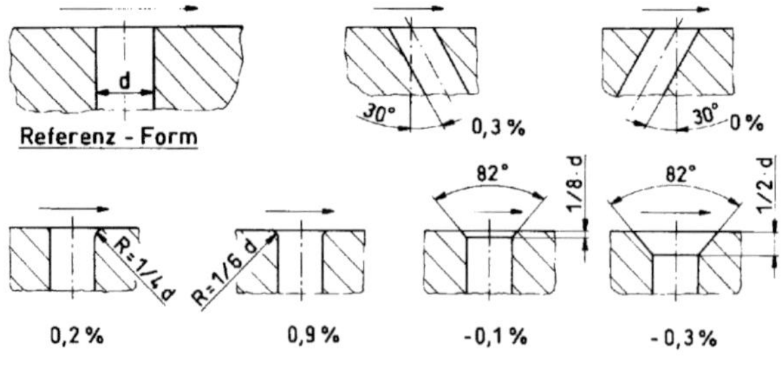

Abbildung 4.6. Messfehler statischer Druckbohrungen nach Nitsche [50]

Unter der Annahme, dass sich der statische Druck über die Grenzschicht nicht ändert (Grenzschichttheorie nach Prandtl [56]), wird in den Wandbohrungen der statische Druck der ungestörten Strömung gemessen. Durch ein Raster von Bohrungen kann ein flächiger Druckgradient aufgezeichnet werden, aus dem sich Rückschlüsse auf Transition und Ablösegebiete ziehen lassen. Die Güte derartiger Druckmessungen hängt in erheblichem Maße sowohl von der herstellungsbedingten Genauigkeit der Wandbohrungen als auch von der Geometrie der Bohrung einschließlich ihrer Weiterführung in dem Messkörper ab. In Abbildung 4.6 sind nach Nitsche [50] einige Beispiele zum Einfluss herstellungsbedingter Bohrlochformen dargestellt. Die resultierenden Messfehler sind als prozentuale Abweichungen zu dem jeweils gemessenen statischen Druck der Referenzform angegeben. Sie steigen linear mit dem Bohrungsdurchmesser an und nehmen bei einem zunehmenden Verhältnis von Bohrungstiefe zu Bohrungsdurchmesser zu. Bei kleiner Bohrungstiefe und anschließender Erweiterung sind negative Abweichungen möglich. Weiterhin haben Verschmutzungen und Sekundärströmungen in der Bohrung einen Einfluss auf die Messgenauigkeit. Durch Verschmutzungen wird der effektive Querschnitt der Bohrung verringert, woraus sich stark verlängerte Einstellzeiten ergeben. Auf Grund von Sekundärströmungen, die durch eine lokale Strömungsablenkung über der Messbohrung entstehen, wird das Strömungsfeld verändert und damit auch der statische Druck über der Bohrung. Der Fehler durch Verschmutzungen überwiegt jedoch bei sehr kleinen Bohrungen dem Fehler durch Sekundärströmungen, so dass es bei starken Verunreinigungen der Strömung, beispielsweise durch Staub, nicht sinnvoll ist, die Bohrung so klein wie möglich anzufertigen.

Druckaufnehmer:

Zur Messung der Drücke (Sekundärluftsystem ausgenommen) werden piezoresistive Druckaufnehmer der Firma Scanivalve Corp. eingesetzt. Das Messsystem besteht aus einem A/D-Wandler mit 17 Scannermodulen à 16 Druckaufnehmern sowie zwei Kalibratoren (ZOC-System). Sie zeichnen sich durch eine gute Linearität im gesamten Messbereich aus. Daneben zeigen sie eine gute Langzeitstabilität und eine kurze Ansprechzeit von weniger als 10ms. Die maximale Grenzfrequenz der Anlage liegt bei 100kHz für die Messung eines Druckes. Das ist bei stationären Messungen einerseits nicht notwendig und wird andererseits auf Grund langer pneumatischer Messschläuche und des daraus resultierenden Schlauchvolumens auf eine Abtastrate bei der Messwerterfassung von max. 1Hz begrenzt. Es kommen Druckaufnehmer mit unterschiedlichen Messbereichen zum Einsatz. Aus diesem Grund werden die Druckaufnehmer so verteilt, dass die gemessenen Maximaldrücke gerade noch im Messbereich des Aufnehmers liegen. Damit wird der absolute Messfehler so gering wie möglich gehalten. Die Verbindung der Sonden mit den Druckaufnehmern erfolgt über lange Schlauchleitungen mit 1.5mm Innendurchmesser. Eine umfangreiche Testreihe im Vorfeld der Untersuchungen hat gezeigt, dass eine Dämpfung von Druckschwankungen im Kanal durch größere Volumina in den Schläuchen sinnvoll ist.

Temperaturmesstechnik / Multimeter:

Die Temperaturmessung dient der Bestimmung der Dichte in der Eintrittsebene (ME2) und der Austrittsebene (ME13). Zum Einsatz kommen Thermoelemente vom Typ J und Widerstandsthermometer. Im Filterkorb (ME0) sind acht Widerstandsthermometer angebracht. In der Messebene stromab des Statorgitters (ME5) befindet sich ebenfalls eine Temperatursonde, die im Mittelschnitt des Hauptströmungskanals positioniert ist. Am Austritt des Verdichters (ME13) befinden sich im Mittelschnitt sechs Thermoelementsonden welche gleichmäßig über den Umfang verteilt sind. Abbildung 4.7 zeigt beispielhaft eine Sonde mit appliziertem Thermoelement. Alle Temperatursonden sind über Ausgleichsleitungen mit einem Multimeter verbunden.

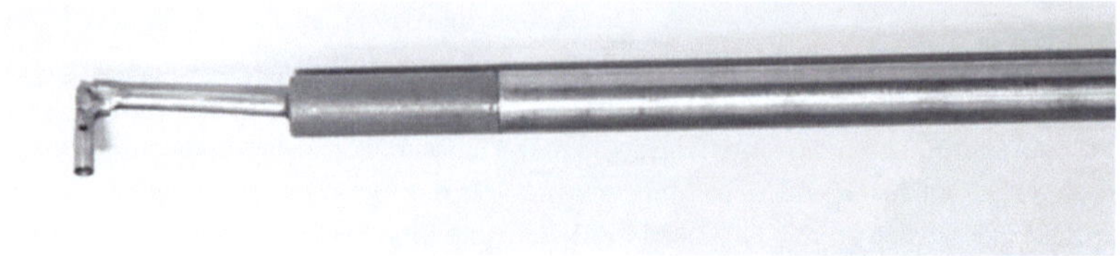

Abbildung 4.7. Sonde mit Thermoelement

4.2. Zeitauflösende Messtechnik

Hitzdrahtanemometrie:

Die Hitzdrahtanemometrie (HDA) eignet sich für die Bestimmung von Geschwindigkeiten und Turbulenzgraden in Strömungsfeldern. Hierzu wird eine Hitzdrahtsonde benötigt, welche am Kopf zwei Haltestifte besitzt, zwischen denen ein dünner Draht gespannt ist. In Abbildung 4.8 ist die in dieser Arbeit verwendete Hitzdrahtsonde dargestellt.
Der Hitzdraht wird bei der Messung auf eine bestimmte Temperatur aufgeheizt, die wesentlich höher ist als die der Strömung. Bei der Konstant-Temperatur-Methode wird mit Hilfe einer Wheatstoneschen Brücke die durch Konvektion abgeführte und durch die Heizspannung dem Hitzdraht zugeführte Energie im Gleichgewicht gehalten. Prinzipiell lässt sich eine Abhängigkeit zwischen Strömungsgeschwindigkeit und Heizspannung ermitteln, welche im allgemeinen mit dem Kingschen Gesetz beschrieben wird. Voruntersuchungen bei der Kalibrierung und der hier verwendeten Messkette haben gezeigt, dass die gemessenen Werte durch ein Polynom 4. Grades besser approximiert werden können als die Näherung mit dem Kingschen Gesetz.

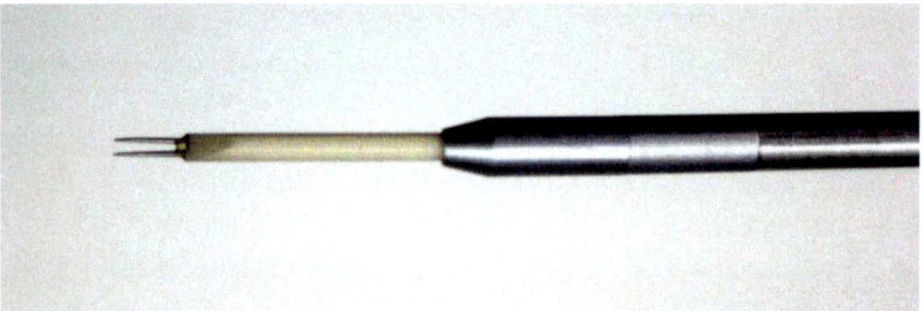

Abbildung 4.8. Verwendete 1-Draht-Sonde

Für die experimentellen Untersuchungen wurde ein Hitzdraht-Messsystem der Firma Dantec unter Verwendung der hochauflösenden 1-Draht-Sonde vom Typ Dantec 55P11 verwendet. Die Kalibrierung der Sonde wurde vor dem Messeinsatz mit einem StreamLine-Kalibrator in einem Freistrahl durchgeführt. Die zeitaufgelösten Messungen erfolgten mit einer Abtastrate von 20kHz und 2^{18} Messwerten. Dieses Messraster ist für eine spätere Ensemble-Mittelung sowie der Auflösung einer Rotorteilung mit rund 19 Messpunkten ausreichend groß.

Mikrofone:

Die bei den Untersuchungen verwendeten Mikrofone der Firma Microtech sind sogenannte Kondensatormikrofone vom Typ MK301. Nach Mailach [40] besitzen diese Fabrikate ein sehr gutes Signal-Rausch-Verhältnis sowie eine sehr hohe Amplituden- und Phasengenauigkeit. Mikrofone bestehen im Wesentlichen aus einer Membran und einer Gegenelektrode, zwischen denen eine Grundspannung anliegt, Abbildung 4.9. Durch eine initiierte Druckstörung ändert sich der Abstand zwischen diesen Bauteilen und ändert damit proportional die Kapazität und somit die Ausgangsspannung des Mikrofons.

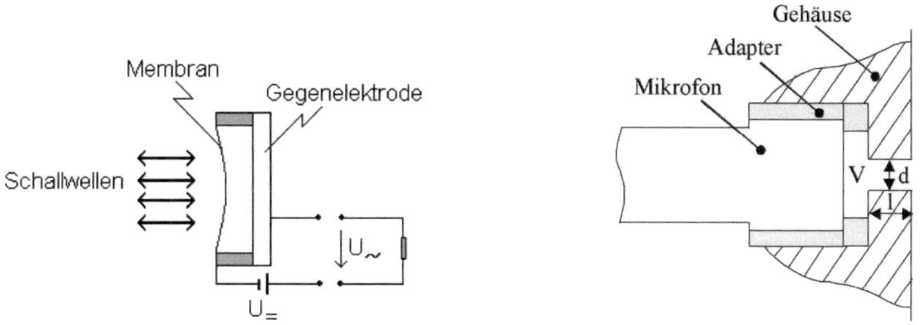

(a) Aufbau eines Mikrofons (schematisch)

(b) Applikation am NGV nach Mailach [40]

Abbildung 4.9. Kondensatormikrofon

Mit einem Kondensatormikrofon können auf Grund des Messprinzips nur Druckschwankungen, also sich zeitlich ändernde Drucksignale, erfasst werden. Ein absoluter Druckwert muss mit entsprechender Messtechnik zusätzlich bestimmt werden, indem dann der absolute zeitliche Mittelwert mit dem Schwankungsanteil addiert wird.

Wie bei allen anderen vorgestellten Messtechniken wurden auch die Mikrofone vor dem Messeinsatz kalibriert. Das dynamische Kalibrieren erfolgte mit einem akustischen Kalibrator der Firma Bruel&Kjær. Die Kalibrierfrequenz liegt mit einem Schalldruck von 114dB bei 1000Hz. In Abbildung 4.9(a) ist der Einbau eines Mikrofons in die Gehäusescheibe des NGV schematisch dargestellt. Das dem Mikrofon vorgeschaltete Luftvolumen in der Gehäusescheibe, bestimmt aus dem Bohrungsdurchmesser d=1mm und der Halslänge l=4mm, und das zylindrische Volumen der verwendeten U-Scheibe wirken als Helmholtz-Resonator. Die maximal erfassbare Signalfrequenz wird damit durch die Eigenfrequenz des Resonators begrenzt. Alle darüber liegenden Frequenzen werden nicht mehr erfasst. Die für diesen Messaufbau von Mailach [40] bestimmte Resonanzfrequenz liegt mit 8kHz zwischen der 7. und 8. Blattfolgefrequenz (BPF). Für die durchgeführten Untersuchungen sind lediglich Frequenzen unterhalb der 1. BPF von Interesse, was für die Messwerterfassung somit keine Probleme darstellt.

4.3. Fehlerrechnung, Fehlerfortpflanzung

Über die zu ermittelnden Strömungsgrößen ist eine Fehlerrechnung durchzuführen. Dies gilt für die Bestimmung der Kennfeldgrößen genau so wie für die Ermittlung der Werte aus den Fünflochsondenmessungen und deren Mittelung über die gesamte Messebene. Die detaillierten Rechnungen können in den Arbeiten von Hieke [29] und Müller et al. [47] nachgeschlagen werden.

Im Zuge der hier durchgeführten Untersuchungen soll kurz auf die entsprechend genutzten Ergebnisse der genannten Arbeiten eingegangen werden.

Jede gemessene Größe ist fehlerbehaftet. Man unterscheidet zwischen systematischen und zufälligen Fehlern. Durch gewissenhafte Durchführung und ständige Kontrolle der Messungen können diese Fehler jedoch fast ausgeschlossen werden. Systematische Fehler entstehen durch Instrumentenfehler oder durch mangelhafte Messanordnungen. Sie verfälschen die Messergebnisse einseitig, können jedoch durch eine sauber ausgeführte Kalibrierung, einen korrekten Aufbau der Messkette und die Kenntnis der Genauigkeit des Messverfahrens minimiert werden. Viel wichtiger ist jedoch die Abschätzung der zufälligen Fehler, da diese regellos verteilt sind und nicht durch den Beobachter beeinflusst werden können. Sie haben auch einen großen Einfluss auf die aus den fehlerbehafteten Messwerten errechneten Größen. Durch die sogenannte Fehlerfortpflanzung können die Auswirkungen der vom Hersteller angegebenen Fehlerklassen der benutzten Messgeräte auf die einzelnen Messgrößen beachtet werden. Eine frühzeitige Analyse gibt Aufschluss über die Sensitivität des Ergebnisses einzelner Messgrößen. Somit kann z. B. durch die Wahl eines besseren Messgerätes bei der Messgröße mit dem größten Fehlereinfluss der maximale Fehler wesentlich reduziert werden. Wird ein beliebiges Glied verbessert, ergeben sich für das Endergebnis unter Umständen keine oder nur unwesentliche Änderungen.
Weitere Fehlerquellen liegen in der Strömungsstruktur (z. B.: Transienz, Turbulenz) selbst und können nicht direkt in die Fehlerbetrachtung einfließen. Mit der Einführung statistischer Betrachtungen und Mittelungsverfahren können diese Auswirkungen auf das Ergebnis minimiert werden.
Eine gemessene Größe x sei durch einen zufälligen Fehler Δx verfälscht. Man spricht vom

absoluten Fehler Δx und vom
relativen Fehler $\Delta x / x \cdot 100\%$.

Aus den verschiedenen gemessenen und fehlerbehafteten Größen x wird eine weitere Größe y errechnet:

$$y = F(x_{n=1}, x_{n=2}, \ldots, x_n) \tag{4.2}$$

Um den Fehler der Größe y zu ermitteln, ist es notwendig, die partiellen Ableitungen nach den einzelnen Messgrößen x_n zu bilden und mit dem jeweiligen absoluten Fehler zu multiplizieren:

$$\Delta y_n = \Delta x_n \cdot \frac{\partial F}{\partial x_n} \tag{4.3}$$

Zur Bildung des maximalen Fehlers der Größe y werden die Beträge der partiellen Fehler addiert:

$$\Delta y_{max} = \left|\Delta x_{n=1} \cdot \frac{\partial F}{\partial x_{n=1}}\right| + \left|\Delta x_{n=2} \cdot \frac{\partial F}{\partial x_{n=2}}\right| + \ldots + \left|\Delta x_n \cdot \frac{\partial F}{\partial x_n}\right| \tag{4.4}$$

Der statistische Fehler von y wird durch Addition der Fehlerquadrate ermittelt:

$$\Delta y_{stat} = \sqrt{\left(\Delta x_{n=1} \cdot \frac{\partial F}{\partial x_{n=1}}\right)^2 + \left(\Delta x_{n=2} \cdot \frac{\partial F}{\partial x_{n=2}}\right)^2 + \ldots + \left(\Delta x_n \cdot \frac{\partial F}{\partial x_n}\right)^2} \tag{4.5}$$

Mit diesen Gleichungen kann die Fehlerfortpflanzung der Messgrößen auf die errechneten Strömungsgrößen bestimmt werden.

Ergebnisse der Fehlerrechnung - Kennfeld und Fünflochsonde:

Die Fehler bei Messungen mit der Pitotsonde und der Fünflochsonde unterscheiden sich nicht wesentlich. Eine Aufstellung der wichtigsten maximalen Fehler und der dazugehörigen statistischen Fehlergrenzen finden sich in den Tabellen 4.4 und 4.5.

Tabelle 4.4. Maximale und statistische Fehlergrenzen - Kennfeld

		maximaler Fehler	statistischer Fehler
Größe	Einheit	alle Messstellen	alle Messstellen
T_2	K	0.40	0.40
c_2	m/s	0.35	0.21
ρ_2	kg/m^3	0.0016	0.0016
ζ	-	0.0055	0.0052
π	-	0.00005	0.00002
$\eta_{(M)}$	-	0.007	0.0022

Für die Bestimmung der Strömungsfelder der im Anhang in Abbildung A.3 dargestellten Messebenen ME3, ME4 und ME5, wurde eine Fünflochsonde genutzt.

Tabelle 4.5. Maximale und statistische Fehlergrenzen - Fünflochsonde

		maximaler Fehler	statistischer Fehler
Größe	Einheit	Fünflochsonde	Fünflochsonde
c_{2ax}	m/s	0.18	0.10
c_{2u}	m/s	0.32	0.19
ρc_{ax}	$kg/(m^2 \cdot s)$	0.41	0.25
$c_{Impuls,ax}$	m/s	0.087	0.046
$c_{Impuls,u}$	m/s	0.15	0.085
α_z	$\circ$	0.022	0.022

Ergebnisse der Fehlerrechnung - aktive Strömungsbeeinflussung:

In einem vorangegangenen Projekt führte Zschippang [81] die Fehlerrechnung für den Aufbau A15 mit Einblasung durch. Die globalen Ergebnisse und Erkenntnisse sind auf ähnliche Aufbauten mit Einblasung übertragbar und somit auf den in Kapitel 4 vorgestellten Aufbau A18 anwendbar.
Es konnte festgestellt werden, dass die Einblasung einen vernachlässigbaren Einfluss auf die Bestimmung der Kennfeldgrößen hat. Insbesondere Wirkungsgrad sowie die Bestimmung der Strömungsgrößen aus den Fünflochsondenmessungen bleiben unbeeinflusst. Der Wirkungsgrad kann für den hier untersuchten Verdichter mit einer Genauigkeit von $\pm 0.22\%$ im Auslegungspunkt angegeben werden.

5. Das Sekundärluftsystem für die aktive Strömungskontrolle

In diesem Kapitel wird der Aufbau und der Einsatzbereich der Sekundärluftanlage erläutert. Für eine aktive Strömungskontrolle wird Luft benötigt, um den Verdichter an entsprechender Stelle mit zusätzlichem Massenstrom zu speisen. Dieser kann entweder von einer hinteren Stufe höheren Druckniveaus des Verdichters entnommen oder aus einer externen Quelle bereit gestellt werden. Der Druckaufbau des NGV ist zu gering, um eine Rezirkulation vom Verdichteraustritt zum Verdichtereintritt zu realisieren. Somit ist es notwendig, ein Sekundärluftsystem (SLS) bereit zu stellen, über welches der Verdichter bei Einblasung mit Hilfsluft versorgt werden kann, siehe Abbildungen 5.1 und 4.1. Der NGV wird dabei am Gehäuse mit Abdeckplatten verblendet, so dass ein Gehäuse-Plenum entsteht, über welches die Luft durch die Einblaselemente strömen kann. Das Plenum ist mit sechs gleichmäßig über den Umfang verteilten Speisestellen ausgestattet.

Abbildung 5.1. NGV - A18 mit Sekundärluftsystem

5.1. Konstruktion, Aufbau und Funktionsweise

Das System besteht insgesamt aus vier unabhängigen Rohrsträngen. Die Massenströme der einzelnen Stränge können separat mit einem Set von acht elektro-pneumatischen Ventilen, hinsichtlich der unterschiedlichen Druckniveaus bei einem mehrstufigen Aufbau und in Abhängigkeit des Betriebspunktes, gesteuert werden, siehe Abbildung 5.2.

Der Schaltplan des Anlagenschemas ist im Anhang A.6 zu finden. Das Speisen der Anlage mit Sekundärluft erfolgt entweder mit einem drehzahlgeregelten Radiallüfter oder der hausinternen Druckluftanlage. Diese besteht aus fünf Schraubenkompressoren, welche über eine Master-Slave-Schaltung gesteuert werden. Somit können je nach Luftbedarf ein oder mehrere Kompressoren dem Versorgungsnetz zugeschaltet werden. Ein Kompressor läuft dabei dauerhaft als Master. Diese Priorität wechselt periodisch zwischen den einzelnen Kompressoren, um eine möglichst gleichmäßige Nutzung zu gewährleisten. Das Umschalten zwischen Lüfter und Druckluftanlage kann unabhängig für jeden Strang erfolgen. Prinzipiell besteht die Möglichkeit, dass beide externe Quellen in Abhängigkeit der Stufenzahl parallel betrieben werden können.
Mit der Sekundärluftanlage ist es möglich, Untersuchungen mit Einblasung oder Absaugung oder auch eine Kombination aus beiden Maßnahmen an einem mehrstufigen Aufbau des NGV durchzuführen. Wenn Experimente zum Einblasen stattfinden, wird die Sekundärluftanlage an den Druckstutzen des Radiallüfters angeschlossen, beim Absaugen an den Saugstutzen. Die Steuerung des Sekundärluftsystems erfolgt durch das Programm AirCtrl. Für die in dieser Arbeit vorgestellten Untersuchungen wurde lediglich der Strang 1 unter Verwendung des Radiallüfters als Quelle genutzt.

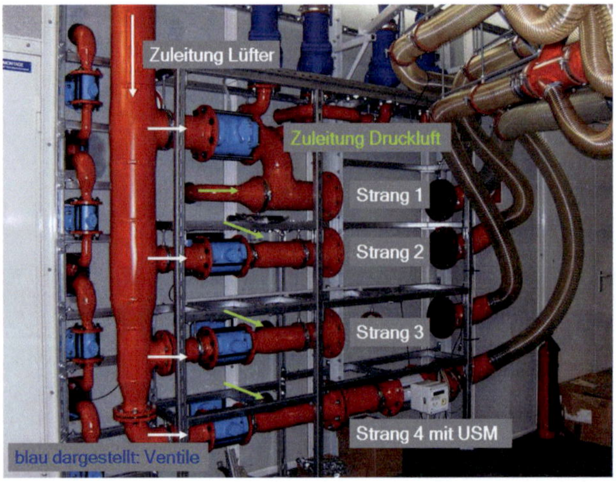

Abbildung 5.2. Sekundärluftanlage

5.2. Messungen am Sekundärluftsystem

Zur Bestimmung der Einblas- bzw. Absaugmassenströme ist das System mit einem Ultraschallströmungsmesser (USM) ausgestattet (Fabrikat: Elster Instromet, Typ: DU 150 Z - 160 S). Dieser bestimmt den Volumenstrom in das Plenum. Die Messung erfolgt kontaktlos, um die Widerstände und somit die Druckverluste im System gering zu halten. In der Zulaufstrecke des USM befinden sich eine Temperaturmesssonde und eine Druckmessstelle.

Mit den gemessenen Zustandsgrößen und dem bekannten Rohrquerschnitt wird der Massenstrom mit einem Stoffwertprogramm nach den VDI Richtlinien 4670 bestimmt und im Steuerprogramm AirCtrl ausgegeben. Dieses Programm ist direkt mit dem Hauptsteuerprogramm CpCtrl gekoppelt, um zeitgleich alle Werte aufzuzeichnen, die zur Bestimmung des Kennfeldes nötig sind.

5.3. Kalibrierkurven für einen mehrstufigen Aufbau

Um in zwei bzw. maximal vier Stufen parallel messen zu können, bedarf es der Bereitstellung von Kalibrierkurven, um den korrekten Einblasmassenstrom für die Messung einzustellen. Die Kalibrierung erfolgt stufenweise. Der USM wird in einer der vier Stränge des SLS angeschlossen. Der Verdichter wird entweder mit Einblase- (und) oder Absaugelementen aufgebaut und verblendet. Abschließend wird der NGV an das Sekundärluftsystem angeschlossen. Es folgt die Erläuterung der Kalibriermessungen:
Der Verdichter wird bei einer festgelegten Drehzahl in 10 Betriebspunkten betrieben. Die Leitgitterringe werden mit einer Schrittweite von 0.155° über eine Leitgitterteilung verdreht (Analogie Abschnitt 6.2). Für jeden Betriebszustand wird nun manuell der gewünschte Einblasmassenstrom eingestellt. Üblicherweise werden die festgelegten Massenströme und der anlagentechnisch maximal mögliche Massenstrom gefahren, um die Kalibrierung möglichst über den gesamten Betriebsbereich der Sekundärluftanlage abzudecken. Parallel werden der Druck im Plenum (p_{Pl}) und der Gehäusewanddruck im Verdichter (p_{Wand}) gemessen. Der Differenzdruck zwischen Kammerdruck und Wanddruck wird dazu genutzt, um später den Massenstrom ohne USM bestimmen zu können. Somit stellt der Differenzdruck das Druckgefälle über das aktuelle Einblas- bzw. Absaugelement dar. Dazu wird der reduzierte Massenstrom aus den beschriebenen Druck- und Temperaturmessungen im Sekundärluftsystem gebildet:

$$\dot{m}_{red} = \frac{\dot{m} \cdot \sqrt{T_t}}{A^* \cdot (p_{Pl} - p_{Wand})} \tag{5.1}$$

Der engste Querschnitt bestimmt sich aus der Summe der engsten Querschnitte der Einblaselemente (oder Absaugelemente) pro Stufe. Dabei ist $\dot{m}$ der aus der Volumenstrommessung bestimmte Massenstrom. Die Messpunkte müssen nach der Ausflussformel der folgenden Wurzelfunktion genügen:

$$\dot{m}_{red,approx} = \dot{m}_{red,korrel} \cdot \sqrt{|\pi^{\frac{\kappa-1}{\kappa}} - 1|} \tag{5.2}$$

Dabei ist π das Druckverhältnis zwischen Kammer- und Wanddruck. Der reduzierte Massenstrom $\dot{m}_{red,korrel}$ wird aus dem Fehlerquadratminimum zum gemessenen reduzierten Massenstrom ermittelt. Die so gewonnene Regressionskurve bildet das Durchflussverhalten der Wandelemente ab. Dieser Wert, die Wurzelfunktion und der Wert des engsten Querschnittes werden im Steuerprogramm AirCtrl hinterlegt. Befindet sich nun kein USM in diesem Strang, wird aus den Druck- und Temperaturmessstellen der Massenstrom aus der Regressionskurve bestimmt, grafisch dargestellt und im Messprogramm aufgezeichnet. Prinzipiell ist es möglich, die Anlage ohne USM zu fahren, was aus kontrolltechnischer Sicht jedoch nicht praktiziert wird.
Der aufgeführte Rechenweg gilt für die Einblasung. Für die Absaugung dreht sich das Vorzeichen für den gemessenen und korrelierten Massestrom um und das Druckverhältnis wird $\pi < 1$. Einerseits ist damit leicht zu erkennen, ob in der Messung Massenstrom zu- oder abgeführt wurde, andererseits wird dies im Kennfeldauswerteprogramm CpChar berücksichtigt. Abbildung 5.3 zeigt beispielhaft die Kalibrierkurven für die Stufe 1.

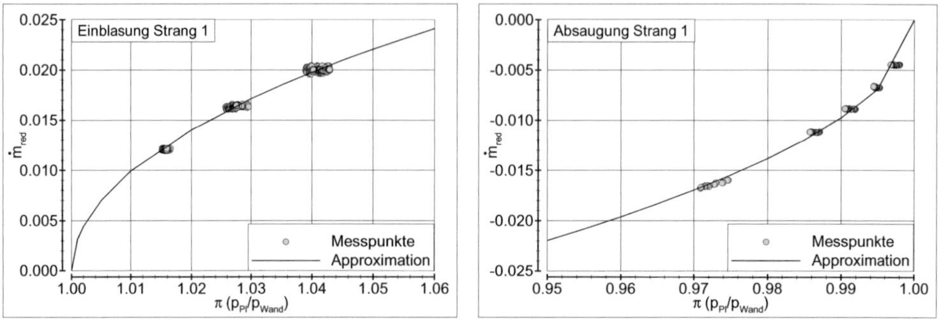

(a) Einblasung (b) Absaugung

Abbildung 5.3. Kalibrierung Strang 1

5.4. Genauigkeit des Sekundärluftsystems

Der Ultraschallströmungsmesser wurde vor der Messkampagne in seinem Messbereich überprüft. Die Bestimmung des Massenstroms kann für den hier genutzten Messbereich mit einem Fehler kleiner 1.0% angegeben werden. Arbeitet die Anlage im Lüfterbetrieb, kann der Massenstrom mit einer Genauigkeit von 2% bis 8% der Einzelmesswerte und kleiner 2% für die Mittelwerte angegeben werden. Unter Benutzung der Druckluftanlage werden Genauigkeiten von 4% bis 30% der Einzelmesswerte und 3% bis 10% der Mittelwerte erreicht. Es ist auf Grund der beschriebenen Master-Slave-Schaltung der Anlage nicht möglich, diese genauer zu fahren, da die daraus resultierenden Schwankungen zu groß sind.

5.5. Leckage am NGV

Der Vorteil der im Anhang A.4 beschriebenen Umfangstraversierung aller Leitgitterringe hat den Nachteil von Leckagestellen an Dichtelementen, welche zwischen Ring und Gehäuse notwendig werden. Somit ist keine absolute Dichtheit gewährleistet, siehe Abbildung 5.4. Weiterhin treten Leckagen über das aus aneinandergesetzten Plexiglasscheiben bestehende Gehäuse auf. Die Scheiben werden mit Klemmleisten in den einzelnen Stufensegmenten fixiert. Zwischen den Scheiben entstehen Spalte, die mit Band abgeklebt werden. Auf diese Weise können die Leckagen an den Scheibenspalten abgestellt werden.

In der Messkampagne LuFoIII (Aufbau 15, Künzelmann [35]) war es erstmals möglich, die Leckage des Verdichters experimentell zu bestimmen. Durch das vorhandene Sekundärluftsystem konnte pro Stufe der Leckagemassenstrom mit dem Ultraschallströmungsmesser bestimmt werden. Die Vorgehensweise zur Bestimmung der Leckagen ist die Gleiche wie in Abschnitt 5.3 beschrieben.

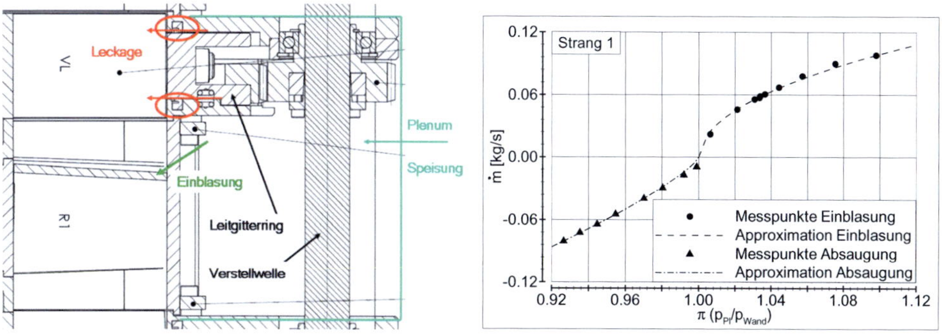

(a) Leckagestellen (b) Leckagekurven der Stufe 1

Abbildung 5.4. Leckage am NGV

Der USM wird in einer der vier Hauptspeisestränge des SLS angeschlossen. Der Verdichter wird mit dem Standardgehäuse aufgebaut (ohne aktive Wandelemente) und verblendet. Abschließend wird der NGV an das Sekundärluftsystem angeschlossen. Die Leckagemessungen laufen prinzipiell genau so ab wie die Kalibriermessungen. Auch hier erfolgen die Messungen stufenweise. Das Plenum wird nun entweder mit Überdruck oder Unterdruck beaufschlagt, um einerseits das Leckageverhalten bei Ansaugen und andererseits beim Abblasen vermessen zu können. In der Auswertung wird die Leckage als reiner Massenstrom über dem Druckverhältnis dargestellt, da der kritische Querschnitt A^* an den Dichtungen nicht bekannt ist. Er ist im Wesentlichen abhängig von:

a) Temperatur
b) Alterungszustand der Dichtung
c) veränderte Dichtwirkung auf Grund von De- und Montage
d) Druckunterschied über das Dichtelement

Die Ergebnisse der Leckageuntersuchungen haben gezeigt, dass die Leckagen bei Ansaugen, welche diffus in den Verdichter eintreten, der Wurzelfunktion nach Gleichung 5.2 genügen. Die Leckagen bei Abblasen zeigten keine ausreichend genaue Regression mit der Wurzelfunktion. Grund ist, dass die Dichtung ihren engsten Querschnitt bei unterschiedlicher Druckdifferenz ändert. Abhilfe schaffte eine optimierte Form der Gleichung 5.2 wie folgt:

$$\dot{m}_{approx} = -\dot{m}_{korrel} \cdot (|\pi^{\frac{\kappa-1}{\kappa}} - 1|)^{exp_{korrel}}. \tag{5.3}$$

Dabei ist π das Druckverhältnis aus Kammer- und Wanddruck analog zur Kalibriermessung. Der korrelierte Massenstrom $\dot{m}_{korrel}$ und der eingeführte Regressionsexponent exp_{korrel} werden aus dem Fehlerquadratminimum zum gemessenen Massenstrom über eine iterative Bestimmung zweier abhängiger Konstanten ermittelt. Die so gewonnenen Regressionskurven bilden das Leckageverhalten der einzelnen vier Stufen ab. Abbildung 5.4(b) zeigt beispielhaft das Leckageverhalten für die Stufe 1 des Verdichters. Die gewonnenen Ergebnisse können nun für Standardaufbauten ohne Verblendung und aktive Wandelemente genutzt werden. Die Grundlage der Korrektur des angesaugten Massenstroms bewirkt die Korrektur des Wirkungsgrades des Verdichters. Die Leckage des NGV ist abhängig von dessen Betriebspunkt.

In der ersten Stufe herrscht stets Unterdruck gegenüber der Umgebung, so dass hier die Leckagedaten für das Ansaugen genügen. Es wird also stets Massenstrom durch die Leckagen angesaugt. In den Stufen 2, 3 und 4 ändert sich das Druckverhältnis zur Umgebung. Somit muss bei hohen Verdichterinnendrücken auf die Daten der Leckagen bei Abblasen zugegriffen werden, da hier Massenstrom aus dem System austritt und sich der tatsächliche Massenstrom des Verdichters verringert. Da bei den Standardaufbauten kein Plenum mehr vorhanden ist, was zur Messung der Leckagen notwendig wäre, muss nun das Druckverhältnis aus Umgebungsdruck und Wanddruck gebildet werden. Der Umgebunsdruck (Hallendruck) wurde extra für alle vier Stufen über den gesamten Betriebsbereich des Verdichters vermessen. Das Ergebnis dieser Untersuchung zeigt die Abbildung 5.5(a).
Wendet man diese Daten auf den Ansaugmassenstrom des Verdichters an, erhält man die in Abbildung 5.5(b) dargestellten Kurven. Die bezogenen Leckagemassenströme pro Stufe sind hier exemplarisch für drei Betriebspunkte dargestellt.

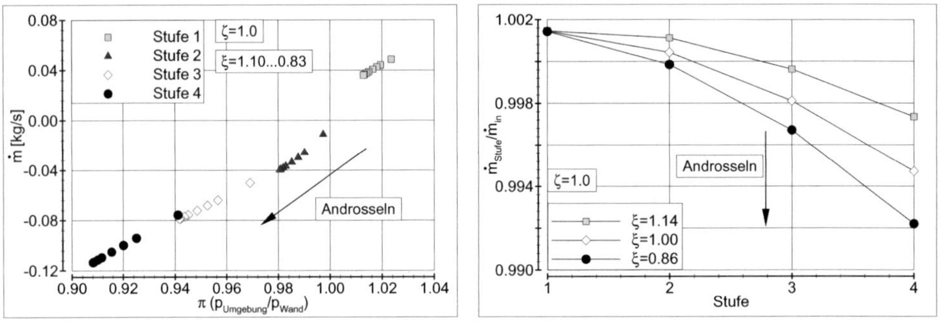

(a) Leckagen in Abhängigkeit des Betriebspunktes

(b) bezogener Massenstrom pro Stufe

Abbildung 5.5. Leckageverhalten

Im letzten stabilen Betriebspunkt ($\xi = 0.86$) ist der Austrittsmassenstrom auf Grund der höchsten Verdichterinnendrücke, und somit des höchsten Drucksprungs zur Umgebung, am geringsten.
Wendet man diese Daten exemplarisch auf die Wirkungsgradberechnung der Beschaufelung Aufbau A15 an, korrigiert sich der maximal erreichbare Wirkungsgrad um -0.2%. Hierzu wird eine angepasste Gleichung der in Kapitel 6.2 dargestellten Bilanzierung des Wirkungsgrades ohne aktive Strömungskontrolle notwendig. Die zusätzlich auftretenden Leckagemassenströme $\dot{m}_{leck}$ werden als Korrekturterme wie folgt berücksichtigt:

$$\eta_{(M)} = \frac{\sum\limits_{N=1}^{4} \left[\left(\dot{m}_E + \sum\limits_{n=1}^{N} (\dot{m}_{blas,n} + \dot{m}_{leck,n}) \right) \cdot (h_{t,s,A,N} - h_{t,s,E,N}) \right]}{P_{(M)}} \tag{5.4}$$

Die Leckageuntersuchungen wurden am Aufbau A15 durchgeführt und sind unter Verwendung der gleichen Dichttechnologie auf alle anderen Aufbauten übertragbar. Somit wurde ein Werkzeug und damit die Möglichkeit geschaffen, in zukünftigen Projekten des Instituts für Strömungsmechanik den Wirkungsgrad des NGV ohne Plenum (Standardaufbauten) noch genauer bestimmen zu können.

5.6. Aktive Wandelemente

Die Untersuchungen mit aktiver Strömungsbeeinflussung erfolgten in dieser Arbeit am Gehäuse des Verdichters. Dazu war es notwendig, Einblaselemente zu entwickeln und in die Maschine zu integrieren. Die Aufgabe der Einblaselemente (Injektoren) ist es, den Einblasmassenstrom mit einem gezielten Impuls in den Verdichter einzubringen, um die Strömung im wandnahen Bereich zu energetisieren.

Suder et al. [66] benutzte in seinen Untersuchungen Injektoren, welche zwei Rotorsehnenlängen stromauf der Rotorvorderkanten positioniert sind und in den Hauptströmungskanal hineinragen. In typischen mehrstufigen Verdichtern beträgt der Abstand zwischen den Schaufelreihen lediglich einen Bruchteil der Sehnenlänge des Rotors. Ziel ist es, den Abstand zwischen Injektorschlitz und Rotorvorderkante und somit die Gesamtlänge eines Triebwerks zu minimieren.
Bei der Entwicklung des Injektors wurde diese Zielstellung berücksichtigt. Der Axialabstand beträgt lediglich 12% der Sehnenlänge des Rotors im Außenschnitt, siehe Abbildung 5.6. Das Element besteht im Wesentlichen aus vier Einzelteilen, welche mit zwei Schrauben montiert werden. Der Ort des kritischen Querschnitts ist mit einer Höhe von 3.341mm angegeben.

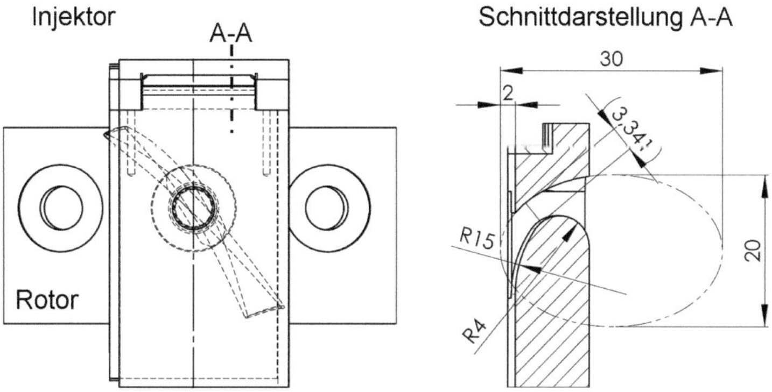

Abbildung 5.6. Einblaselement, Außenansicht mit Rotorschaufel und Schnittdarstellung

Die elliptische Gestaltung der Kontur gibt der Strömung die nötige Führung und läuft dann tangential in den Hauptströmungskanal ein. Diese Konstruktion besitzt die Fähigkeit, den sogenannten Coanda-Effekt an der inneren Gehäusewand stromauf des Rotors zu etablieren, siehe Fernholz [21] und Schlichting und Gersten [63]. Strazisar et al. [65] verwendete in seinen Untersuchungen ebenfalls Injektoren, die diesen Effekt aufweisen. Der Vorteil solcher Konstruktionen ist, dass keine Bauteile in den Hauptströmungskanal ragen und die Kanalströmung weitestgehend ungestört bleibt.

Weiterhin bleiben die Querschnitte des Kanals erhalten. Somit wird die Gefahr einer möglichen Ablösung auf Grund scharfer Kanten und Kanalexpansion vermieden. Ein weiterer Vorteil der hier beschriebenen Injektoren ist die einfache Integrierbarkeit (*retrofit solution*) in das Gehäuse des NGV.

Im Betrieb tritt der Einblasstrahl mit einem Winkel von rund 15° zur Gehäusewand in axialer Richtung in den Kanal ein und legt sich infolge seiner Krümmung an die Gehäusewand an. Auf Grund des Anlegens wird eine rein axiale Anströmung zum Rotorgitter realisiert. Die Strömung des Einblasstrahls überlagert sich mit der drallbehafteten Abströmung des Vorleitgitters, Abbildung 5.7. Die Ausbildung des Einblasstrahls wird dabei jedoch nicht beeinflusst.

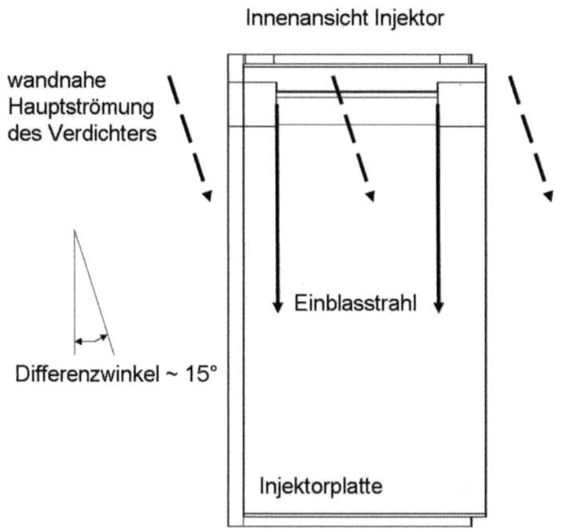

Abbildung 5.7. Strömungsverhältnisse am Einblaselement

Je nach Konfiguration (Tabelle 4.3) wurde der Verdichter mit 5, 10 oder 20 Einblaselementen ausgerüstet. Der Einbau erfolgte stets gleichverteilt über den Verdichterumfang. Der Öffnungswinkel eines Einblasschlitzes beträgt 4°. Die gesamte Umfangsbreite der Schlitze deckt je nach Injektoranzahl 5.5%, 11% bzw. 22% des Verdichterumfangs ab. Das Verhältnis zwischen Rotorschaufelanzahl und Elementanzahl beträgt demnach 12.6, 6.3 bzw. 3.15.

Um die Ausbildung des beschriebenen Coanda-Effekts und die Fähigkeit des Injektors zu testen, wurde ein gesonderter Prüfstand gefertigt. Der Aufbau und die Ergebnisse dieser Untersuchungen sind in Abschnitt 6.1 beschrieben.

6. Experimentelle Untersuchungen

6.1. Prüfstand zur Validierung des Coanda-Effekts

Die Überprüfung der Funktionalität der Einblaselemente erfolgte in einem gesonderten Prüfstand. Als Grundaufbau diente dazu der im Anhang A.3 beschriebene Kalibrierkanal. Dieser wurde so erweitert, dass sich eine Analogie zum Verdichterprüfstand einstellt, um das Element möglichst betriebsnah zu testen, Abbildung 6.1.

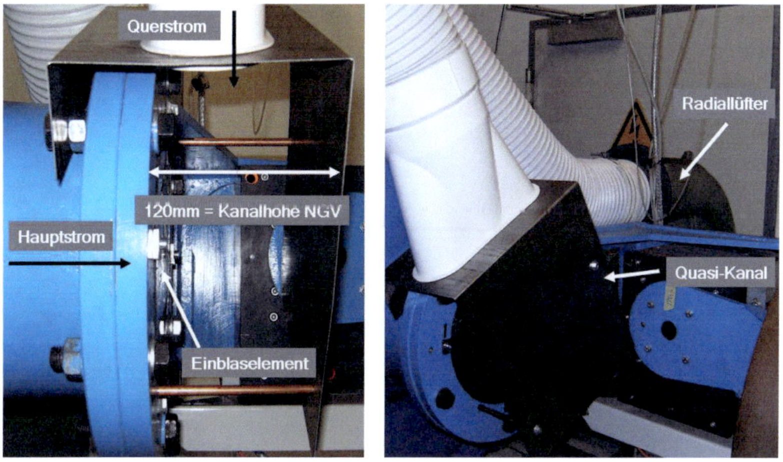

Abbildung 6.1. Aufbau des Prüfstands

Das Einblaselement wird dazu in einer Plexiglasplatte eingelassen und am Austritt des Kalibrierkanals montiert. Zusätzlich wird mit einem Blech ein kanalähnlicher Zustand wie am NGV erreicht. In diesem Blech ist eine ovale Düse angeordnet, über welche durch ein radiales Hilfsgebläse Luft zuströmt, um den Querstrom zu simulieren. Dieser entspricht der Hauptströmung im Verdichter. Der Winkel zwischen Querstrom und Hauptstrom, welcher aus dem Einblaselement austritt, beträgt rund 15° und entspricht somit dem Winkel der wandnahen Stromlinie im NGV, siehe auch Abbildung 5.7. Um die Ausbildung des Coanda-Effekts optisch und somit qualitativ zu bestimmen, wurden Wollfäden appliziert, um die Stromlinien sichtbar zu machen, Abbildung 6.2.

Messung:

Die Druckdifferenz wird mit einem U-Rohr-Manometer aus Kesseldruck und Luftdruck bestimmt, da der Massenstrom als Freistrahl über das Einblaselement in die Umgebung strömt. Der Druck im Kessel der Kalibrieranlage lässt sich manuell über die Drehzahl des 35kW Radialgebläses regeln. Da die Einblaselemente am Verdichter kalibriert wurden, siehe Abschnitt 5.3, ist bei eingestellter Druckdifferenz der Massenstrom und somit die mittlere Geschwindigkeit bekannt. Die Bestimmung der Geschwindigkeit des Querstroms folgt aus den Kennfelddaten des Hilfsgebläses, welches sich analog zum Kalibrierkanal manuell über die Drehzahl regeln lässt. Somit ist das Impulsverhältnis zwischen Querstrom und Hauptstrom bekannt und kann während der Messung eingestellt werden.

6.1.1. Ergebnisse der qualitativen Messungen

Bei einem bestimmten Druckverhältnis über dem Einblasschlitz soll sich der Coanda-Effekt ausbilden, wobei sich der Strahl auf Grund der tangential zur Injektorplatte auslaufenden Kontur an die Wand anlegt.

Beim Hochfahren der Anlage kommt es bei einem geringem Impulsverhältnis zur Ausbildung eines schwachen Strahls, welcher sich nicht an die Wand anlegt, siehe Abbildung 6.2. Der Winkel zwischen Freistrahl und Wand beträgt rund 60°. Um diesen Effekt bei den Untersuchungen zu detektieren, wurde der Querstrom abgeschaltet, da dieser den schwachen Freistrahl zum Anlegen an die Wand zwingt.

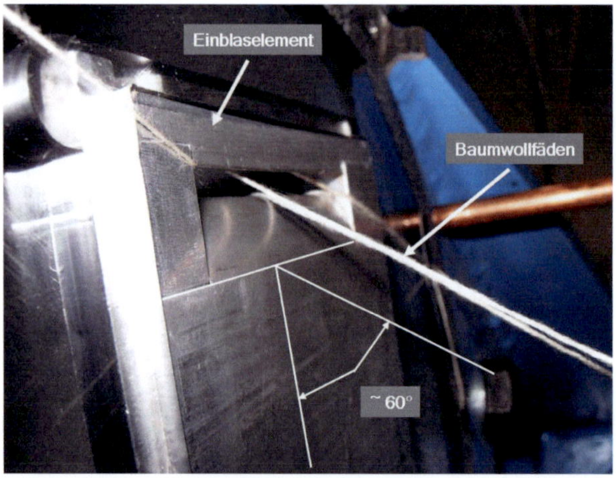

Abbildung 6.2. Schwach ausgebildeter Freistrahl, Querstrom abgeschaltet

Wird der Hauptmassenstrom weiterhin erhöht und ein kritisches Impulsverhältnisses überschritten, was im Niedergeschwindigkeitsverdichter einer Einblasrate von 0.55% entspricht, kommt es schlagartig zu einem sauberen Anlegen der Strömung an die Wand, Abbildung 6.3. Der erwünschte Coanda-Effekt bildet sich aus. Dabei spielt es keine Rolle, ob der Querstrom zu- oder abgeschaltet ist.

Die auftretenden Turbulenzen sind dabei sehr gering, was an den schwach fluktuierenden Bewegungen der Baumwollfäden beobachtet werden kann.

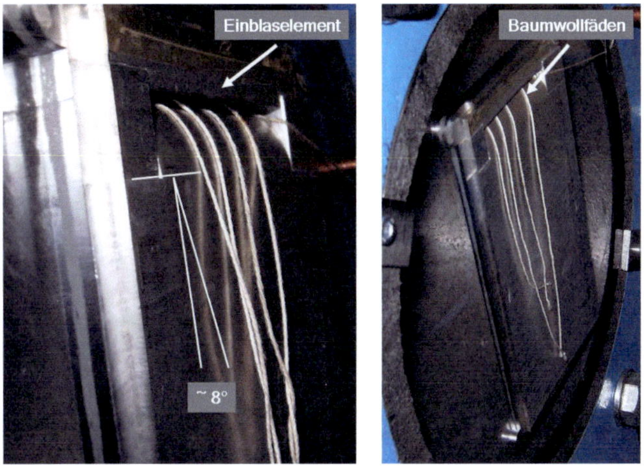

Abbildung 6.3. Angelegter Freistrahl, Etablierung des Coanda-Effekts

Schaltet man zuerst den Querstrom ein, legen sich die Baumwollfäden unter einem Winkel von 15° an die Wand des Elements an. Beim Zuschalten des Hauptstroms richten sich die Baumwollfäden wieder rein axial aus. Hat sich der Coanda-Effekt eingestellt, weist der angelegte Freistrahl ein sehr stabiles Strömungsverhalten auf. Selbst das Einbringen einer Störung stromab des Einblasschlitzes zwischen 10mm und 60mm vermag den Strahl nicht von der Wand abheben zu lassen. Als letzte phänomenologische Betrachtung sei das Hystereseverhalten genannt. Beim Herunterfahren der Anlage hebt der Strahl erst bei sehr kleinen Impulsverhältnissen ($< 0.55\%$) von der Wand ab. Es stellt sich dann der in Abbildung 6.2 gezeigte Strömungszustand ein.

Die Ergebnisse der Untersuchungen validieren die Ausbildung des Coanda-Effekts am Einblaselement. Somit ist der Einbau der Einblaselemente in den Verdichter gerechtfertigt. Das kritische Impulsverhältnis liegt bei einer Einblasrate von 0.55% im NGV. Damit liegen die in Tabelle 4.3 gezeigten und für die Untersuchungen mit aktiver Strömungsbeeinflussung festgelegten Einblasraten im Betriebsbereich der Einblaselemente.

Der erläuterte Aufbau dieses Prüfstandes lässt es jedoch nicht zu, eine rotierende Schaufelreihe zu simulieren, um so die Interaktion zwischen Element und Rotorschaufel extern zu untersuchen. Aus diesem Grund wurden Hitzdrahtmessungen am NGV durchgeführt. Die Ergebnisse dieser Messungen sind in Abschnitt 6.1.2 beschrieben.

6.1.2. Ergebnisse der Hitzdrahtmessungen

Um das Verhalten der Einblaselemente im Verdichter bei realen Betriebsbedingungen zu untersuchen, wurde mit Hilfe der Hitzdrahtanemometrie der Einblasstrahl und somit die Axialgeschwindigkeit der Rotorzuströmung bestimmt. Die Sonde wurde dabei in einer Achsnormalebene zwischen Injektor und Rotorvorderkante positioniert. Dies entspricht einem Abstand von ca. 5.2% der Rotorsehnenlänge im Außenschnitt. Die Untersuchungen erfolgten für drei verschiedene Betriebspunkte. Diese sind der Auslegungspunkt ($\zeta = 1.00, \xi = 1.00$), der letzte stabile Betriebspunkt ($\zeta = 1.00, \xi = 0.726$) und ein Betriebspunkt im erweiterten Betriebsbereich unter Verwendung der aktiven Strömungskontrolle ($\zeta = 1.00, \xi = 0.672$). Abbildung 6.4 zeigt exemplarisch die zeitgemittelten Verteilungen der Axialgeschwindigkeiten im Auslegungspunkt und nahe der Stabilitätsgrenze für die Konfiguration A18-01, siehe Tabelle 4.3 Kapitel 4. Hier wird der Einfluss der Einblasung auf die Gehäusegrenzschicht deutlich. Auf Grund des hohen Impulses der eingeblasenen Luft wird die Grenzschicht energetisiert und die Axialgeschwindigkeit wesentlich angehoben. Das Strahlmaximum wird bei 98.5% Kanalhöhe erreicht, der Wandabstand beträgt 1.8mm. Die Beeinflussung der Strömung ist zwischen Gehäusewand und 94.0% Kanalhöhe deutlich erkennbar. Das heißt, dass der Radialspalt beider untersuchter Spaltkonfigurationen durch den eintretenden Strahl komplett abgedeckt wird. Die Absenkung des Massestroms auf Grund der Drosselwirkung wird deutlich sichtbar, beeinflusst jedoch nicht das Einblasen von Luft in den Verdichter. Dies gilt ebenso für den erweiterten Betriebsbereich (nicht dargestellt).

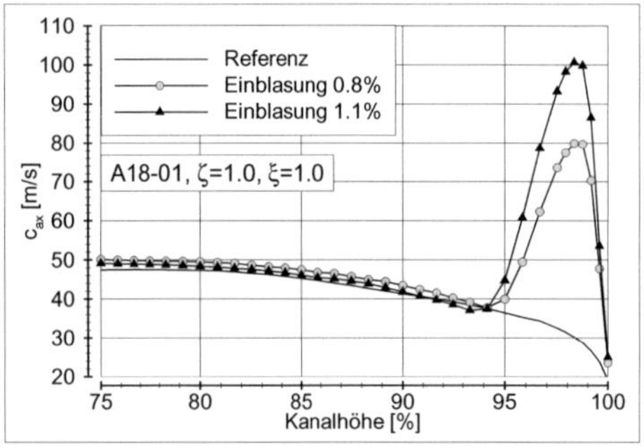

(a) Auslegungspunkt

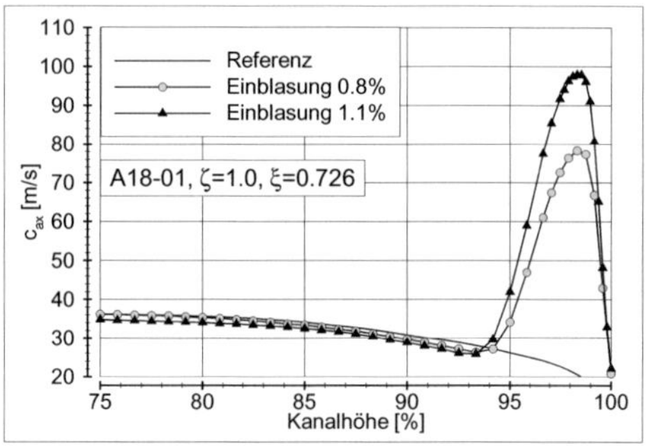

(b) nahe der Stabilitätsgrenze

Abbildung 6.4. Verteilung der Axialgeschwindigkeit stromauf des Rotors, zeitgemittelt

Mit der Hitzdraht Technik lässt sich der instationäre Charakter der Strömung bestimmen. In den Darstellungen wird die Zeitskala auf die Periodendauer einer Rotorschaufelwiederholung t/t_{Rotor} bezogen. Die experimentellen Daten wurden mit Hilfe des Triggersignals über 220 Rotorumdrehungen Ensemblegemittelt. Abbildung 6.5 zeigt die zeitaufgelösten Verteilungen über der Kanalhöhe. Die Schwankungen der Axialgeschwindigkeit sind im Einblasstrahl mit ca. 5% wesentlich geringer als im Bereich der Hauptströmung, in denen die Schwankungsbreite ca. 18% beträgt, Abbildung 6.5(a). Verursacht wird dies durch die Potentialwirkung des Rotors. Die Ausbildung des Coanda Effekts ist als Ergebnis des hohen Impulses der Einblasung als sehr stabil zu betrachten und wird durch den Potentialeffekt wenig beeinflusst. Das Minimum der Axialgeschwindigkeit wird dann erreicht, wenn die Rotorschaufel direkt im Einblasstrahl steht. Danach wird die Strömung wieder beschleunigt. In Abbildung 6.5(b) ist der zweidimensionale Charakter der Axialgeschwindigkeit in der Zuströmung über fünf Rotorpassagen dargestellt.

Die Potentialfelder in Höhe der Rotorvorderkanten sind zwischen 85% und 95% Kanalhöhe deutlich zu erkennen, sowie die Energetisierung der Strömung nahe der Gehäusewand stromab der Injektoren. Diese lokalen Schwankungen der Axialgeschwindigkeit in Umfangsrichtung führen zu einer scheinbar wellenförmig umlaufenden Anströmung im Verdichter. Würde man an mehreren Umfangspositionen des Verdichters zeitgleich die Verteilung der Axialgeschwindigkeit über der Kanalhöhe mit Hitzdrahtsonden aufzeichnen, wäre festzustellen, dass der zeitliche Mittelwert der Axialgeschwindigkeit über den gesamten Verdichterumfang integriert zu jedem Zeitpunkt konstant ist. Somit fließt zu jedem Zeitpunkt ein konstanter Massenstrom durch den Verdichter.

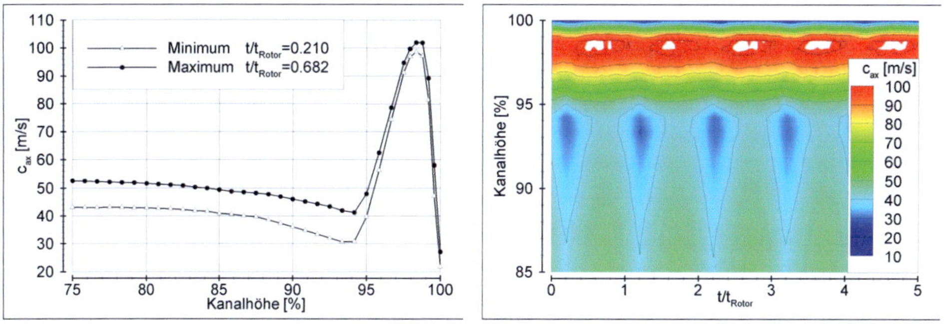

(a) Minima und Maxima der Schwankung

(b) zeitaufgelöste Konturdarstellung

Abbildung 6.5. Verteilung der Axialgeschwindigkeit stromauf des Rotors, $\zeta = 1.0$, $\xi = 1.0$

Weiterhin wurden Messungen in der Achsnormalebene ME4 stromab des Rotors durchgeführt (ca. 28% der Rotorsehnenlänge im Mittelschnitt). Hierzu wurde die Sonde an zwei Umfangspositionen traversiert, um den Versatz der Stromlinie und den Effekt der Einblasung nach Passieren des Rotors detektieren zu können. Diese Positionen befinden sich einerseits in gleicher Umfangslage zum Injektor sowie zwischen zwei Injektoren. In allen Fällen konnte festgestellt werden, dass bei gleicher Umfangsposition keine Wirkung des Einblasstrahls im Vergleich zur Referenz auf das Strömungsfeld zu erkennen ist. Die folgenden Darstellungen beinhalten somit nur die Daten der Positionierung zwischen den Einblaselementen. In Abbildung 6.6 sind die zeitgemittelten Verteilungen der Axialgeschwindigkeit hinter dem Rotor dargestellt. Die Auswirkung der Einblasung ist lediglich bei den Konfigurationen mit 20 Einblaselementen zu erkennen, Abbildung 6.6(a). Hier kommt es zu einer Aufdickung der Gehäusewandgrenzschicht durch den Einblasstrahl, welche bei der Konfiguration A18-04 mit vergrößertem Radialspalt stärker ausgeprägt ist. Der hohe Impulseintrag durch das Einblasen vor der Rotorvorderkante ist nach Passieren der Rotorpassage stark vermindert. Bei den Konfigurationen mit 10 Einblaselementen ist jedoch nicht auszuschließen, dass der Effekt der Grenzschichtaufdickung ebenfalls stattfindet, Abbildung 6.6(b). Eine mögliche Ursache ist die unzureichende Messauflösung in Umfangsrichtung. Die Daten wurden nur an zwei Umfangslagen aufgenommen. Der mittlere Abstand zwischen zwei Injektoren und der Sonde ist doppelt so groß als bei den Konfigurationen mit 20 Einblaselementen. Möglicherweise ist der Bereich der Energetisierung nicht abgedeckt. Eine Traversierung der Sonde in Umfangsrichtung relativ zu den Injektoren war zum Zeitpunkt der Messungen nicht vorhanden und ist an diesem Prüfstand nicht vorgesehen sowie technisch nur schwer realisierbar.

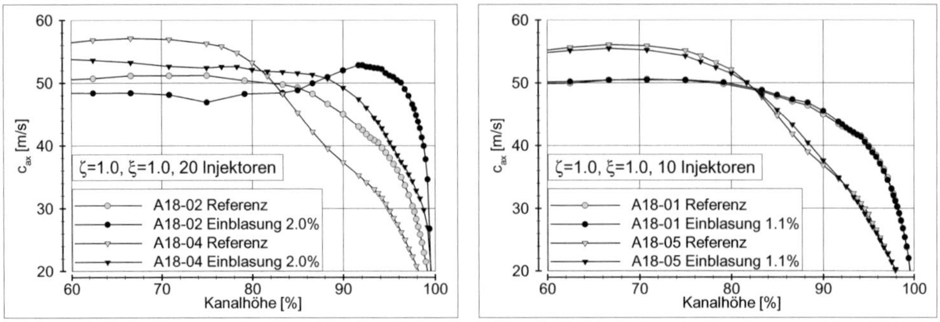

(a) Nominaler und vergrößerter Spalt - 20 Injektoren (b) Nominaler und vergrößerter Spalt - 10 Injektoren

Abbildung 6.6. Verteilung der Axialgeschwindigkeit stromab des Rotors

Die Ergebnisse der Hitzdrahtmessungen validieren die Ausbildung des Coanda Effekts selbst im erweiterten Betriebsbereich und stellen die einwandfreie Funktion der Injektoren sicher.

6.2. Kennfeld - Auswertung

Das Verhalten der gesamten Beschaufelung im Verdichter wird durch das Verdichterkennfeld charakterisiert. Für verschiedene Drehzahlen werden Druckverhältnis und Wirkungsgrad bestimmt.
Um die Vergleichbarkeit mit anderen Messungen zu gewährleisten, werden alle gemessenen Größen für die Auswertung auf den Umgebungszustand bezogen und auf die Werte der Standardatmosphäre (T=288.15K und p=101325Pa) reduziert. Für die Vermessung des Kennfeldes sind Kammsonden für die radiale Verteilung des Totaldrucks, Temperatursonden und Wandbohrungen zur Messung des statischen Druckes vorhanden. Die Leitgitterringe werden mit einer Schrittweite von 0.155° über eine Statorteilung von je 4.337° verdreht. Somit steht für die Auswertung ein hoch aufgelöstes Messraster mit jeweils 29 Messpunkten in Umfangsrichtung zur Verfügung. Die Bilanzgrenzen der Zu- und Abströmung des Verdichters sind im Rahmen dieser Arbeit stets die Messebenen ME2 und ME13 laut der Abbildung im Anhang A.3.
Das gemessene Drehmoment wird mit dem experimentell ermittelten Reibmoment (Lager- und Luft-Wandreibung) korrigiert und ergibt mit der Drehzahl die mechanische Leistung $P_{(M)}$ des Verdichters. Der Drehzahlkennwert ζ, die Durchflusskennzahl ξ und das Totaldruckverhältnis π werden mit den Beziehungen 6.1 bestimmt. Dabei wird die Durchflusskennzahl ξ (siehe Gleichung Anhang A.5) um den bezogenen Einblasmassenstrom korrigiert. Somit sind die Wirkungsgradlinien bzw. Druckkurven auf den Austrittsmassenstrom bezogen. Bei Bezug auf den Eintrittsmassenstrom würden sonst zu geringe Massenströme und ein tatsächlich nicht vorhandener Betriebsbereichsgewinn ermittelt werden. Eine dimensionslose Kennliniendarstellung mit Druckzahl und Lieferzahl ist bei den Untersuchungen mit aktiver Strömungskontrolle nicht möglich, da sich der Massenstrom entlang der Maschinenachse infolge der Einblasung ändert.

$$\zeta = \frac{n/\sqrt{T_{t,E}}}{n_{AP}/\sqrt{T_{t,E,AP}}} \qquad \xi = \frac{\dot{m}_E \cdot \sqrt{T_{t,E}}/p_{t,E}}{\dot{m}_{AP} \cdot \sqrt{T_{t,E,AP}}/p_{t,E,AP}} + \frac{\dot{m}_{blas}}{\dot{m}_{AP}} \qquad \pi = \frac{p_{t,A}}{p_{t,E}} \tag{6.1}$$

Das Hauptziel der experimentellen Untersuchungen war die Bestimmung des Verdichterkennfeldes mit und ohne aktiver Strömungskontrolle. Dabei sollte mit der Einblasung die Stabilitätsgrenze des Verdichters zu geringeren Massenströmen verschoben und somit eine Betriebsbereichserweiterung etabliert werden. Alle Kennfelduntersuchungen wurden bei Auslegungsdrehzahl $\zeta = 1.0$ und im Teillastbereich bei $\zeta = 0.8$ durchgeführt. Der Einblasmassenstrom wurde dabei über dem Betriebsbereich konstant gehalten.
Die Bestimmung des Wirkungsgrades erfolgt aus dem in der Zulaufstrecke ermittelten Massenstrom $\dot{m}_E$, der Totalenthalpiedifferenz zwischen Einlass und Auslass und der aus dem gemessenen Drehmoment ermittelten Leistung $P_{(M)}$:

$$\eta_{(M)} = \frac{\dot{m}_E \cdot (h_{t,s,A} - h_{t,s,E})}{P_{(M)}} \tag{6.2}$$

Werden nun bei einem 4-stufigen Aufbau (Standardaufbau) die pro Stufe eingeblasenen Massenströme berücksichtigt, ergibt sich folgender Zusammenhang:

$$\eta_{(M)} = \frac{\sum\limits_{N=1}^{4} \left[\left(\dot{m}_E + \sum\limits_{n=1}^{N} \dot{m}_{blas,n} \right) \cdot (h_{t,s,A,N} - h_{t,s,E,N}) \right]}{P_{(M)}} \tag{6.3}$$

Auf Grund des hier vorliegenden 1-stufigen Aufbaus vereinfacht sich die Summe des Gesamtmassenstroms zu $\dot{m}_{ges} = \dot{m}_E + \dot{m}_{blas}$. Die Bereitstellung des eingeblasenen Luftmassenstromes wird berücksichtigt, indem ein Korrekturterm hinzugefügt wird. Der Druck an der inneren Gehäusewand wird als p_{Wand} bezeichnet. Somit geht die Gleichung 6.3 in

$$\eta_{(M)} = \frac{\dot{m}_{ges} \cdot (h_{t,s,A} - h_{t,s,E})}{P_{(M)}} - \frac{\frac{\kappa}{\kappa-1} \cdot R \cdot T_{Pl} \cdot \left[\left(\frac{p_{Pl}}{p_{Wand}} \right)^{\frac{\kappa-1}{\kappa}} - 1 \right]}{P_{(M)}} \cdot \frac{\dot{m}_{blas}}{\dot{m}_{ges}} \tag{6.4}$$

über. Der so ermittelte Wirkungsgrad $\eta_{(M)}$ beinhaltet die zum Gesamtsystem gehörigen Einblaselemente und deren Druckverluste. Die Bilanzgrenze erweitert sich auf das in Kapitel 5 beschriebene Ringraum-Plenum, in dem die verdichtete Luft zur Verfügung gestellt wird.
Der Aufwand, mit welchem die Sekundärluft bis zum Plenum zur Verfügung gestellt wird, bleibt unbeachtet. Eine weiterführende Erörterung dieser Betrachtungsweise wird in Kapitel 8 dargelegt.
Einzelheiten zur Reduktion der Messwerte und Bestimmung des Kennfeldes sind im Anhang A.1 beschrieben.

Darstellung der Charakteristiken

Mit aktiver Strömungskontrolle konnte bei jeder der fünf getesteten Konfigurationen eine Betriebsbereichserweiterung erzielt werden. Für alle Untersuchungen wurde eine Referenzkennlinie ohne Einblasung ermittelt. Dabei wurden bei den Messungen die Ventile im Sekundärluftsystem geschlossen. Das Verhalten ähnelt somit einem „Quasi-Casing-Treatment". Der Hintergrund dieser Referenzierung ist die Verwendung dieser Technologie in einem realen Triebwerk. Der Flugbetrieb erlaubt eine Regulierung des Einblasmassenstromes, nicht aber die Variation von Baugruppen.

Prinzipiell ist festzuhalten, dass sowohl der Wirkungsgrad als auch der Gewinn an Betriebsbereich bei Auslegungsdrehzahl ($\zeta = 1.0$) auf Grund höherer Geschwindigkeiten, Umlenkungen, Druckverhältnisse und auch höherer Reynoldszahlen geringer ausfällt als im Teillastbereich ($\zeta = 0.8$). Das heißt, dass bei geringeren Drehzahlen die Abreißlinie bzw. Pumpgrenze (*stall line*) deutlich weiter in den Bereich kleinerer Massenströmen verschoben werden kann.
Weiterhin wurden die Charakteristiken mit Einblasung lediglich vom Auslegungspunkt bis zur Stabilitätsgrenze ermittelt, da dieser Betriebsbereich in Hinblick auf eine Verbesserung des Stabilitätsverhaltens von Interesse ist. Die prozentualen Angaben der Änderungen der Wirkungsgrade im Text basieren auf Differenzen und verstehen sich somit als Angabe von Prozentpunkten.

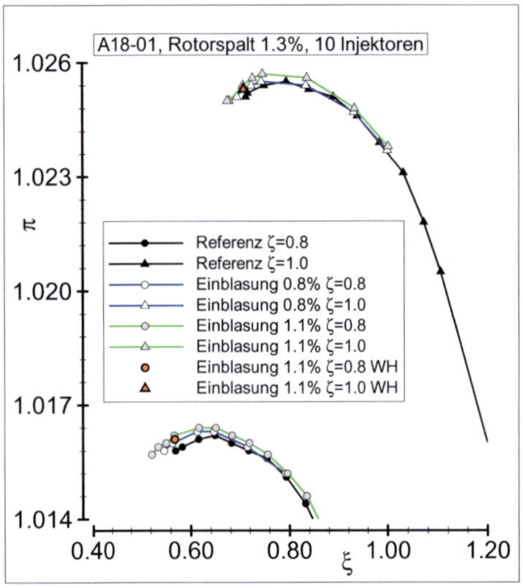

(a) Verlauf des Druckaufbaus

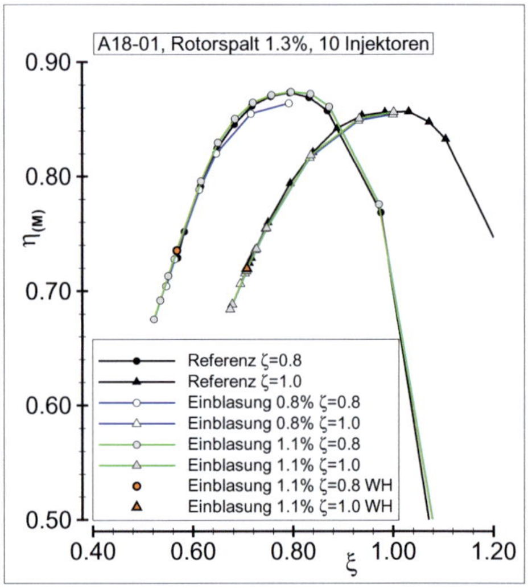

(b) Verlauf des Wirkungsgrades

Abbildung 6.7. Charakteristik - Konfiguration A18-01

In Abbildung 6.7 sind die Druck- und Wirkungsgradkennlinien der Konfiguration A18-01 mit 10 Injektoren dargestellt. Wird eingeblasen, so ändern sich die Druckverhältnisse gegenüber der Referenz nur sehr geringfügig, steigen aber tendenziell mit wachsendem Einblasmassenstrom an. Die Unterschiede sind marginal und ändern die Charakterestik unwesentlich. Ebenso sind die aufgetragenen Wirkungsgrade über den gesamten Betriebsbereich nahezu identisch.

Vergleicht man den letzten stabilen Betriebspunkt der Referenz bei Auslegungsdrehzahl mit denen der Einblaskonfigurationen, konnte der absolute Massenstrom bei geringer Einblasung um 2.55% (bei ζ=0.8 um 3.98%) und bei hoher Einblasung um 5.39% (bei ζ=0.8 um 8.25%) verringert werden. Dabei beziehen sich die prozentualen Angaben auf den Durchsatz der Referenz im letzten stabilen Betriebspunkt.

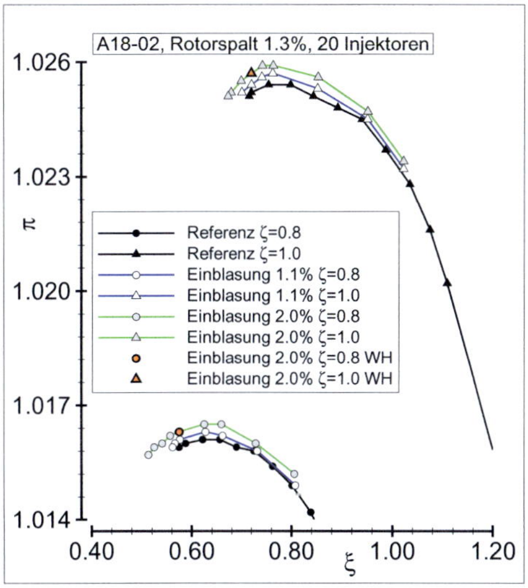

(a) Verlauf des Druckaufbaus

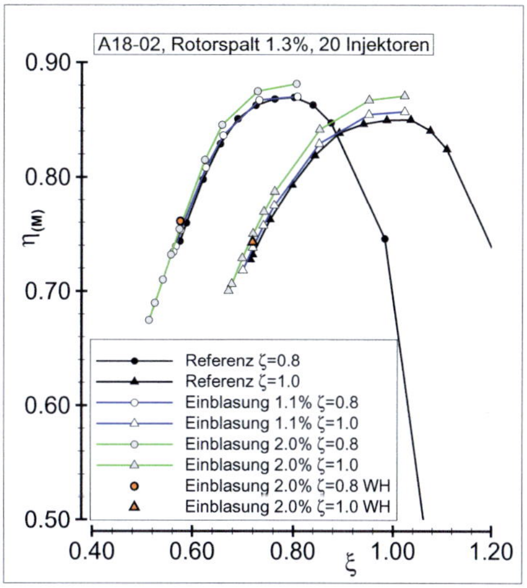

(b) Verlauf des Wirkungsgrades

Abbildung 6.8. Charakteristik - Konfiguration A18-02

Wird der Verdichter bei Nominalspalt (1.3%) mit 20 Injektoren ausgerüstet, Abbildung 6.8, kann der Wirkungsgrad im Auslegungspunkt (ζ=ξ=1.0) bei niedriger Einblasrate um 0.70% (bei ζ=0.8 um 0.07%) und bei hoher Einblasrate um 2.08% bei (bei ζ=0.8 um 1.18%) gesteigert werden. Im Auslegungspunkt können bei dieser Konfiguration die signifikantesten Wirkungsgradverbesserungen erzielt werden. Dieser Gewinn sinkt bis zum Erreichen des letzten stabilen Betriebspunktes deutlich ab und erreicht dann nahezu die Werte der Referenz ohne Einblasung. Im Vergleich zur Konfiguration mit 10 Injektoren und konstantem Impulsverhältnis steigen die Druckverhältnisse mit wachsendem Einblasmassenstrom stärker an.

Vergleicht man den letzten stabilen Betriebspunkt der Referenz bei Auslegungsdrehzahl mit denen der Einblaskonfigurationen, konnte der absolute Massenstrom bei geringer Einblasung um 2.08% (bei ζ=0.8 um 2.31%) und bei hoher Einblasung um 6.01% (bei ζ=0.8 um 10.78%) verringert werden.

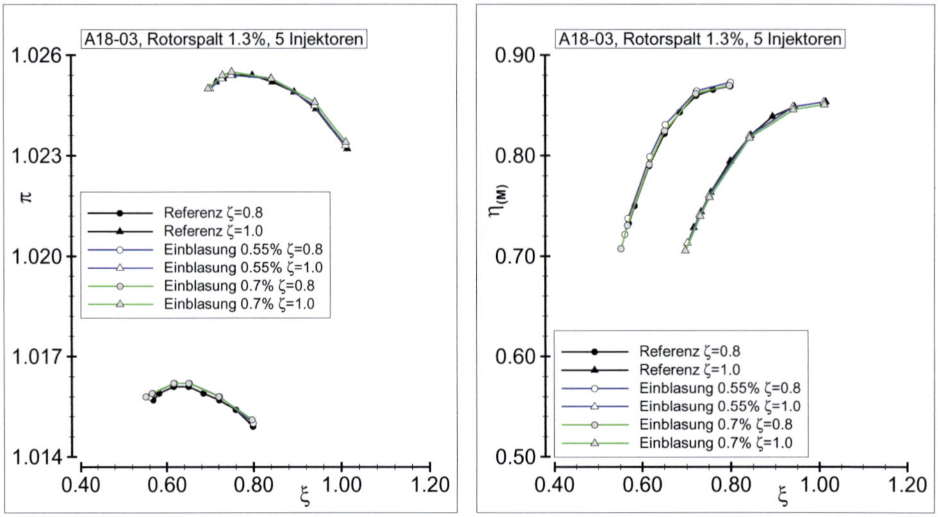

(a) Verlauf des Druckaufbaus (b) Verlauf des Wirkungsgrades

Abbildung 6.9. Charakteristik - Konfiguration A18-03

Die Verwendung von lediglich fünf Einblaselementen wurde mit der Konfiguration A18-03 realisiert. Hier kann die geringste Verschiebung der Pumpgrenze gezeigt werden, Abbildung 6.9. Sowohl der Druckaufbau als auch die Wirkungsgrade sind mit und ohne Einblasung nahezu identisch.

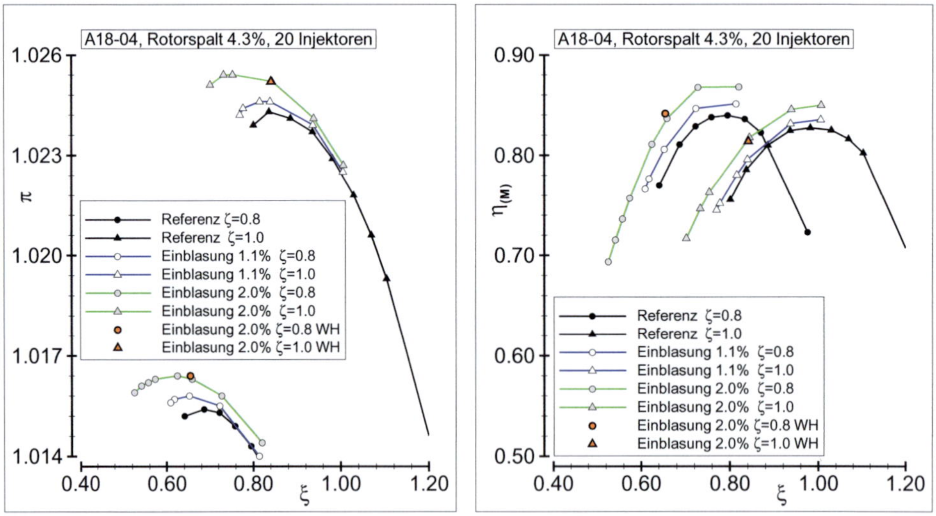

(a) Verlauf des Druckaufbaus (b) Verlauf des Wirkungsgrades

Abbildung 6.10. Charakteristik - Konfiguration A18-04

Mit der Konfiguration A18-04 wurde der Radialspalt über dem Rotor auf 5mm (4.3%) vergrößert. Dies hat zur Folge, dass es zum verstärkten Auftreten von Sekundärströmungen kommt. Der Druckaufbau und die erzielten Wirkungsgrade der Referenzkennlinie sinken gegenüber den Konfigurationen mit Nominalspalt drastisch ab. Wird nun über 20 Injektoren eingeblasen, vergrößert sich das Druckverhältnis gegenüber der Referenz ab dem Auslegungspunkt bis hin zur Pumpgrenze im erweiterten Betriebsbereich deutlich. Auch bei vergrößertem Radialspalt steigen die Druckverhältnisse mit wachsendem Einblasmassenstrom an. Der verbesserte Druckaufbau ist stärker ausgeprägt als bei den Konfigurationen mit nominaler Spaltweite. Die maximalen Verbesserungen können mit 0.1074% für Auslegungsdrehzahl und 0.0985% für 80% der Drehzahl beziffert werden.
Weiterhin konnte der Wirkungsgrad des Verdichters im Auslegungspunkt bei einer Einblasrate von 2.0% um 2.24% gesteigert werden, im Teillastbereich sogar um 2.83%. Dies ist der höchste erzielte Wirkungsgradgewinn im Auslegungspunkt in dieser Arbeit, Abbildung 6.10. Im Gegensatz zu den Konfigurationen mit Nominalspalt kann über den gesamten getesteten Betriebsbereich eine deutliche Anhebung der Wirkungsgradcharakteristik festgestellt werden, so dass für ζ=0.8 bei einem Durchsatzwert von $\xi \sim 0.65$ (*off design*) eine Wirkungsgradverbesserung von über 6% erreicht wird. Bei ζ=1.0 und $\xi \sim 0.8$ beträgt die Verbesserung 3.5%. Vergleicht man den letzten stabilen Betriebspunkt der Referenz bei Auslegungsdrehzahl mit denen der Einblaskonfigurationen, konnte der absolute Massenstrom bei geringer Einblasung um 3.58% (bei ζ=0.8 um 4.99%) und bei hoher Einblasung um 12.44% (bei ζ=0.8 um 18.08%) verringert werden.

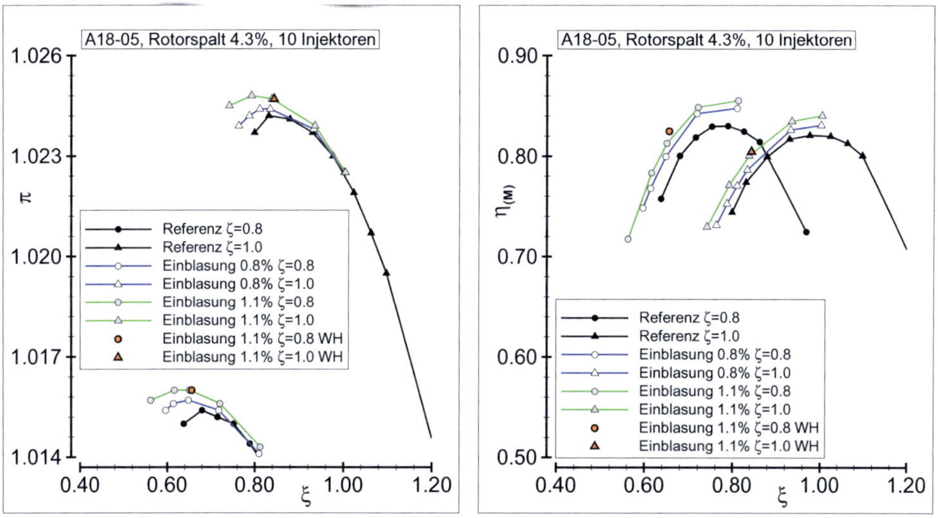

(a) Verlauf des Druckaufbaus

(b) Verlauf des Wirkungsgrades

Abbildung 6.11. Charakteristik - Konfiguration A18-05

Die Konfiguration A18-05 entspricht dem um 10 Einblaselemente verringerten Aufbau A18-04. Somit konnte die Wirkung der Einblasung mit 10 Injektoren bei vergrößertem Spalt untersucht werden. Die Ergebnisse der Kennfeldmessungen gleichen qualitativ denen mit 20 Injektoren, siehe Abbildung 6.11.

Der Betriebsbereichsgewinn fällt hier geringer aus. So konnte der absolute Massenstrom bei geringer Einblasung um 4.51% (bei ζ=0.8 um 6.43%) und bei hoher Einblasung um 7.19% (bei ζ=0.8 um 11.79%) verringert werden. Die Verbesserungen im Wirkungsgrad liegen bei 2.52% (ζ=0.8, ξ=0.8) und 1.95% (ζ=1.0, ξ=1.0) bei einer Einblasrate von 1.1%.

In Abbildung 6.12 sind die Wirkungsgradkurven der Konfiguration A18-02 mit Nominalspalt und ohne Einblasung verglichen mit denen der Konfiguration A18-04 mit vergrößertem Radialspalt und Einblasung dargestellt. Die Verläufe bei Teil- und Volllast sind nahezu identisch. Das heißt, dass die bei erweitertem Spalt auftretenden größeren Verluste durch das Einblasen von Massenstrom derart reduziert werden können, dass sich eine ähnliche Charakteristik im Vergleich zur Referenz mit Nominalspalt einstellt. Dieser Effekt stellt einen erheblichen Gewinn an Wirkungsgrad dar. In Tabelle 6.1 sind die Konfigurationen mit dem signifikantesten Wirkungsgradgewinn zusammengefasst. Bei nominaler Spaltweite spielt die Anzahl der Injektoren und der eingeblasene Massenstrom eine wesentliche Rolle in Bezug auf die Anhebung des Wirkungsgrades. Wird der Radialspalt vergrößert, kann die Wirkungsgradcharakteristik auch mit weniger Injektoren, aber auch hier in Abhängigkeit des Einblasmassenstroms, deutlich angehoben werden.

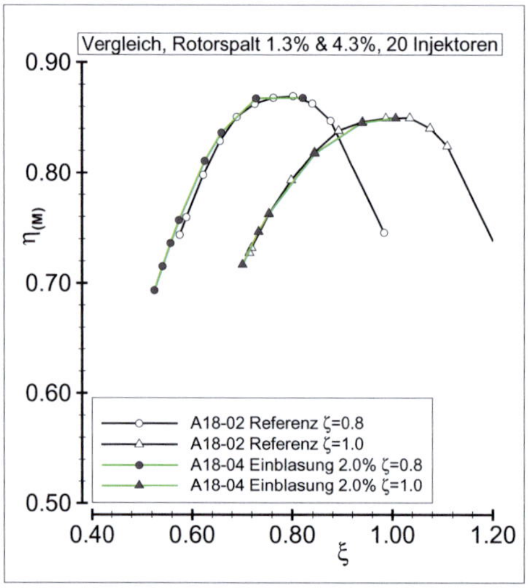

Abbildung 6.12. Vergleich der Wirkungsgradverläufe der Konfigurationen A18-02 und A18-04

Tabelle 6.1. Wirkungsgradgewinn in Prozentpunkten - AP

Konfiguration	$\Delta\eta_{(M)}(\zeta = 0.8)$	$\Delta\eta_{(M)}(\zeta = 1.0)$	Einblasrate [%]	Injektoren
A18-02	1.18%	2.08%	2.00	20
A18-04	2.83%	2.24%	2.00	20
A18-05	2.52%	1.95%	1.10	10

Bezug nehmend auf alle durchgeführten und vorgestellten Kennfeldmessungen wird nun eine Darstellung entwickelt, welche die Betriebsbereichserweiterung in Abhängigkeit der Einblasrate, der Anzahl der Einblaselemente und der zwei untersuchten Spaltweiten in Bezug auf die jeweilige Referenz ohne Einblasung darstellt. Dabei wird für eine allgemeingültige bzw. dimensionslose Darstellung die Erweiterung des Betriebsbereiches als Funktion der Stabilitätsgrenze (SG) beschrieben. Hierbei führt Cumpsty [11] eine Definition ein, welche die physikalische Bedeutung des reduzierten Massenstroms (hier am Austritt) beinhaltet:

$$SG = 1 - \left[\frac{\pi_{AP}}{\pi_{NS}} \cdot \frac{\xi_{NS}}{\xi_{AP}}\right] \tag{6.5}$$

Damit wird der Abstand zwischen der Arbeitslinie und der Stabilitätsgrenze in Abhängigkeit des reduzierten Massenstroms beschrieben. Abbildung 6.13 repräsentiert das Ergebnis dieser gesuchten Darstellung, welche den erweiterten Betriebsbereich aller ermittelten Charakteristiken bei Auslegungsdrehzahl darstellt. Dabei wird jede Konfiguration mit Einblasung auf den Referenzfall ohne Einblasung normiert und als Funktion über der Anzahl der Einblaselemente aufgetragen. Somit wird nun der Zusammenhang zwischen eingeblasenem Massenstrom, Anzahl der Injektoren sowie die zwei unterschiedlichen Einblasraten als auch Spaltweiten gemäß der in Tabelle 4.3 definierten Parameter hergestellt.

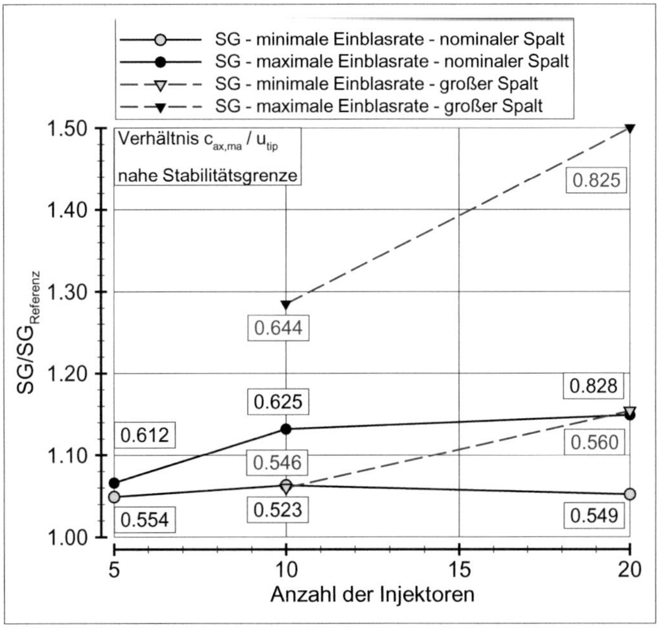

Abbildung 6.13. Betriebsbereichsgewinn, $\zeta = 1.0$

Wie bereits in Abschnitt 2.2 festgestellt werden konnte, hängt die Erweiterung des Betriebsbereiches mit dem Anstieg der massengemittelten Axialgeschwindigkeit und somit des Impulsverhältnisses zwischen Hauptströmung und Einblasmassenstrom an der Vorderkante des Rotors zusammen. Die massengemittelte Axialgeschwindigkeit $c_{ax,ma}$, siehe Gleichung 6.6 nach Strazisar et al. [65], ist auf die Umfangsgeschwindigkeit der Rotorblattspitze u_{tip} bezogen und zusätzlich in den Kästchen des Diagramms eingetragen.

In Gleichung 6.6 bedeuten N die Anzahl der Injektoren, b_{inj} die Schlitzbreite der Injektoren, sowohl mit ρ_{inj} und c_{inj} die Dichte und Geschwindigkeit der Einblasluft am Austritt der Injektoren als auch mit ρ_c und c_{ax} die Dichte und Axialgeschwindigkeit des Fördermediums im Verdichter. Weiterhin wird der Verdichterumfang mit $\pi \cdot D_c$ angegeben.

$$c_{ax,ma} = \frac{[\rho_{inj} \cdot (N \cdot b_{inj} \cdot c_{inj}^2) + \rho_c \cdot (\pi \cdot D_c - N \cdot b_{inj}) \cdot c_{ax}^2]}{[\rho_{inj} \cdot (N \cdot b_{inj} \cdot c_{inj}) + \rho_c \cdot (\pi \cdot D_c - N \cdot b_{inj}) \cdot c_{ax}]} \tag{6.6}$$

Es folgt die Auswertung des Diagramms aus Abbildung 6.13:

Nominalspalt

Die minimale Betriebsbereichserweiterung wird mit 5 Injektoren erzielt, obwohl hier bei maximaler Einblasrate von 0.7% das größte Verhältnis der absoluten Geschwindigkeiten zwischen Einblasstrahl und Hauptströmung erreicht wird. Das bedeutet, dass eine relativ hohe Einblasgeschwindigkeit in Verbindung mit nur wenig aktiven Injektoren zu keinem großen Erfolg führt.
Die Konfigurationen mit 10 und 20 Einblaselementen unterscheiden sich nur geringfügig voneinander. Das heißt, dass bei etwa konstantem Massenstrom mit 10 Injektoren und doppelten Impuls eine ähnliche Verbesserung des Betriebsbereiches wie mit 20 Einblaselementen erzielt wird . Die Charakteristik suggeriert, dass für einen erhöhten Gewinn nicht mehr als 20 Injektoren notwendig sind. Wird nun die massengemittelte Axialgeschwindigkeit als Kriterium herangezogen, lassen sich folgende Schlüsse ziehen: Die Erweiterung des Betriebsbereiches korreliert mit dem Ansteigen der bezogenen Axialgeschwindigkeit. Das Stabilitätsverhalten verbessert sich, wenn bei konstanter Anzahl von Einblaselementen der Einblasmassenstrom erhöht wird.

Vergrößerter Spalt

Aus zeitlichen Gründen konnte die Untersuchung mit 5 Injektoren bei großem Radialspalt nicht durchgeführt werden.
Die Charakteristik zeigt sehr deutlich, dass die Betriebsbereichserweiterung sowohl von der Anzahl der Injektoren als auch von der Menge der eingeblasenen Luft abhängt. Bei Verwendung von 20 statt 10 Injektoren erweitert sich der Betriebsbereich, in dem mehr Luft bei etwa konstantem Impulsverhältnis eingeblasen wird. Somit wird deutlich, dass die periphere Abdeckung durch die Injektoren einen wichtigen Parameter für die aktive Strömungsbeeinflussung darstellt. Auch bei großem Spalt verbessert sich das Stabilitätsverhalten, wenn der Einblasmassenstrom bei gleicher Anzahl von Injektoren erhöht wird. Der Trend der Charakteristik lässt vermuten, dass bei der Verwendung weiterer Injektoren ein erhöhter Betriebsbereichsgewinn zu erwarten ist.

Die Ergebnisse und gewonnenen Erkenntnisse weisen den gleichen Trend auf wie die von Suder et al. [66] veröffentlichten Daten. Für einen nutzbaren erweiterten Betriebsbereich ist demnach eine Mindestanzahl von Injektoren erforderlich, deren Anzahl jedoch geringer ist als die der Schaufeln des Rotorgitters. Weiterhin wird ein minimaler Einblasmassenstrom benötigt, welcher nur einen Bruchteil des Gesamtmassenstroms des Verdichters beträgt.
Die maximale Betriebsbereichserweiterung von 50% wurde mit 20 Injektoren und 2% Einblasrate bei großem Radialspalt von 4.3% erzielt. Untersuchungen, den Verdichter bei voll ausgebildetem Strömungsabriss mit Hilfe der Einblasung zu stabilisieren, schlugen fehl. Lediglich das Entdrosseln führte zur Restabilisierung des NGV.

Abschließend wird hier auf die experimentellen Untersuchungen von Dobrzynski et al. [15] eingegangen. Die Autoren untersuchten unter anderem das stationäre Einblasen von Luft in einen zum NGV Dresden aerodynamisch ähnlichen 1.5 stufigen Niedergeschwindigkeits-Axialverdichter bestückt mit einer CDA Beschaufelung (*Controlled Diffusion Airfoil*). Dabei wurden unter Verwendung von Coanda-Injektoren drei Charakteristiken ermittelt. Je nach Konfiguration wurde der Verdichter mit 3, 6 oder 12 Einblaselementen ausgerüstet. Der Einbau erfolgte auch hier stets gleichverteilt über den Verdichterumfang. Die Öffnungswinkel der Einblasschlitze betragen dabei $3 \cdot 95°$, $6 \cdot 5°$ und $12 \cdot 2.5°$. Die gesamte Umfangsbreite der Schlitze deckt somit 79.2% und 8.3% des Verdichterumfangs ab. Damit konnte die Abhängigkeit der Einblasgeschwindigkeit und des Einblasmassenstroms als auch des über den Verdichterumfang aufgeteilten aber konstanten Einblasimpuls untersucht werden.
Bei der Konfiguration ($3 \cdot 95°$) werden bei geringem Einblasmassenstrom und gedrosseltem Verdichter geringfügige Verbesserungen des Wirkungsgrads und der Erweiterung des Betriebsbereichs erzielt. Wird der Einblasmassenstrom angehoben, setzt eine deutliche Betriebsbereichserweiterung auf Kosten des Wirkungsgrades ein. Die Konfiguration ($6 \cdot 5°$) erlangt bereits bei geringem Einblasmassenstrom eine deutliche Betriebsbereichserweiterung, wobei die Wirkungsgrade der Referenz ohne Einblasung nicht erreicht werden, aber im Vergleich zur Konfiguration ($3 \cdot 95°$) bei hohen Einblasraten wesentlich besser sind. Die dritte Konfiguration ($12 \cdot 2.5°$) erzielt eine ähnliche Betriebsbereichserweiterung im Vergleich zu den anderen beiden. Eine Verbesserung des Wirkungsgrades konnte nicht festgestellt werden.

Vergleich der Ergebnisse der Niedergeschwindigkeits-Axialverdichter der TU Dresden und der TU Braunschweig mit nominaler Spaltweite des Rotors:

- In beiden Verdichtern führt das Einblasen von Luft zu Betriebsbereichserweiterungen. Somit gilt in diesem Rahmen das Einblasen von Luft im Blattspitzenbereich des Rotors als eine leistungsfähige Methode zur Verbesserung der Stabilität des Verdichters.

- Im NGV Dresden werden, abgesehen von der Konfiguration A18-01 mit geringer Einblasrate, stets verbesserte, aber zumindest relativ zur Referenz ohne Einblasung konstante Wirkungsgrade erzielt. Dagegen zeichnen sich im NGV Braunschweig, speziell in den Konfigurationen ($6 \cdot 5°$) und ($12 \cdot 2.5°$), relativ zur Referenz tendenziell geringere Wirkungsgrade ab.

- Bei beiden Verdichtern konnte an Hand von Strömungsfeldmessungen festgestellt werden, dass das Einblasen zu einer radialen Umverteilung der aerodynamischen Belastung von Rotor und Stator führt. Dabei ist das Verhalten des Stators Kern des Unterschieds zwischen den zwei Verdichtern.

- Im NGV Dresden wird der Stator global im Auslegungspunkt entlastet, ebenfalls erkennbar an den geringeren globalen Verlustbeiwerten, siehe Abschnitt 6.3. Nahe der Stabilitätsgrenze kommt es zu einer starken radialen Umverteilung der aerodynamischen Belastung, welche aber in Summe zu vergleichbaren Verlustbeiwerten relativ zur Referenz ohne Einblasung führt.
- Im NGV Braunschweig ist festzustellen, dass das Einblasen, vor allem im gedrosselten Betriebsbereich, zu einer Verringerung der Leistungsfähigkeit des Stators führt. In Abhängigkeit der Umfangsposition des Verdichters konnte hier mit einem Ölanstrichbild auf eine starke Eckenablösung am Gehäuse geschlossen werden, siehe auch Abbildung 6.14(b). Die Verluste über dem Statorgitter scheinen größer zu sein als der Gewinn im Rotorgitter.

Der angestellte Vergleich zeigt die Reaktion der Einblasung auf das Rotor- und Statorgitter in den einzelnen Stufen. Es besteht die Tatsache, dass beide Verdichter aerodynamisch ähnlich und beide Statorgitter mit Radialspalt ausgeführt sind. Weiterhin wirkt sich in beiden Rotorgittern das Einblasen positiv auf die Strömung aus. Es wird vermutet, dass die unterschiedliche Reaktion der Einblasung auf das jeweilige Statorgitter durch die Geometrie der Beschaufelung hervorgerufen wird. Demnach besteht der Unterschied zwischen einer konventionell und einer mit CDA-Methodik ausgelegten Beschaufelung.

6.3. Strömungsfeld - Auswertung und Ergebnisdarstellung

Strömungsfeldmessungen mit der Fünflochsonde wurden für die Konfiguration A18-01 in den Messebenen ME3, ME4 und ME5 in drei verschiedenen Betriebspunkten durchgeführt, siehe Abbildung im Anhang A.3. Diese sind der Auslegungspunkt (ζ=1.00, ξ=1.00), der letzte stabile Betriebspunkt (ζ=1.00 und ξ=0.726) und ein Betriebspunkt im erweiterten Betriebsbereich (mit aktiver Strömungskontrolle) (ζ=1.00, ξ=0.672). Alle Untersuchungen wurden bei Auslegungsdrehzahl (ζ=1.00) durchgeführt. Eine Auswahl an Ergebnissen wird hier für die drei genannten Betriebspunkte diskutiert, um Tendenzen der aerodynamischen Belastung und das Betriebsverhalten der Beschaufelung mit und ohne aktiver Strömungskontrolle festzustellen.

Stator-Injektor-Interaktionen können nicht getrennt untersucht werden. Auf Grund der in Anhang A.4 beschriebenen Leitgitterverstellung ist es bei der Durchführung der Experimente nicht möglich gewesen, die Relativposition zwischen den Injektoren und dem Leitgitter zu variieren. Dies hat einen geringen Einfluss auf die exakte Bestimmung der teilungsgemittelten Daten. Die Ergebnisse aus vorangegangen Studien haben gezeigt, dass diese Auswirkung jedoch vernachlässigbar ist und die Effekte in Hinblick auf die globale Beeinflussung der Einblasung auf das Strömungsfeld ausreichend genau erfasst werden.

Eine interessante Beobachtung konnte in der Abströmung des Statorgitters während der Messung im erweiterten Betriebsbereich (ζ=1.00, ξ=0.672) gemacht werden. Lokale Abgleichprobleme der Fünflochsonde im Nachlauf einer Statorschaufel führten zum Einsatz einer Fadensonde in ME5. Dabei konnte eine stabile Ablöseblase in Gehäusenähe beobachtet werden, welche eindeutig auf eine saugseitige Eckenablösung zwischen Schaufelprofil und Gehäuse zurückzuführen ist, siehe Abbildung 6.14(a). Dieses Phänomen hatte keinen Einfluss auf das Stabilitätsverhalten des Verdichters, da die Maschine problemlos und ohne Anzeichen von stabilitätsbegrenzenden Effekten betrieben werden konnte.

Ähnliche Beobachtungen wurden von Dobrzynski [14] am Statorgitter eines einstufigen Versuchsverdichters gemacht. Der Experimentator konnte ebenfalls eine Eckenablösung mit Hilfe von Ölanstrichbildern identifizieren. In Abbildung 6.14(b) sind die Ablöselinien (ABL) entsprechend gekennzeichnet. Auf die gesonderte Betrachtung und Auswirkung der Statorströmung auf den Wirkungsgrad des Verdichters wird hier verzichtet.

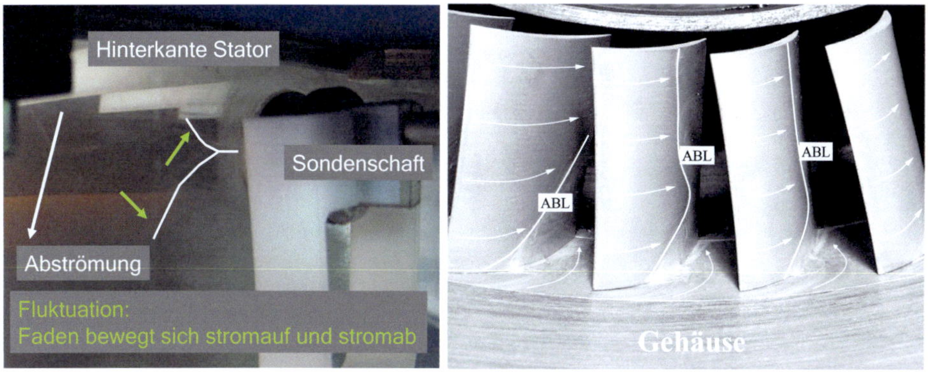

(a) Ablöseblase am Stator im NGV (b) Ölanstrichbild nach Dobrzynski [14]

Abbildung 6.14. Ablösung am Stator

Strömungsfeldmessung an der Stufe

Die Bestimmung der Drücke, Geschwindigkeiten und Strömungswinkel erfolgt generell mit reduzierten Drücken und Temperaturen (ISA). Aus den mit der Fünflochsonde gemessenen Drücken erhält man den Totaldruck, dynamischen und statischen Druck sowie den Vektor der Strömungsgeschwindigkeit (siehe Anhang A.2). Somit können in jedem Punkt des Rasters aus den gemessenen Drücken der fünf Bohrungen über die Kalibrierdaten alle drei Komponenten der Strömungsgeschwindigkeit (c_{ax}, c_u und c_{rad}) und die von den Komponenten und deren Bezugsebenen eingeschlossenen Winkel (α, β und δ) berechnet werden, siehe Abbildung 4.5. Das Messraster setzt sich aus 21 Radien zusammen. Auf diesen konstanten Radien wird die Sonde traversiert und anschließend die Leitgitter relativ zu ihr mit einer Schrittweite von $0.5 \ldots 0.05°$, abhängig vom lokalen Gradienten des Totaldrucks, verstellt. Die Radien sind, den auftretenden Gradienten entsprechend, an den Seitenwänden enger verteilt. Es erfolgt eine weitere Reduktion der Daten durch die Mittelung über der Teilung. Es werden dabei grundsätzlich die Drücke zum einen arithmetisch und zum anderen mit dem Energiesatz gemittelt. Weiterhin werden die flächen- und massestromgemittelten Drücke berechnet. Die Geschwindigkeiten werden mit dem Impulssatz und zusätzlich nach dem Kontinuitätssatz gemittelt.
Eine Temperatursonde ist an einer gleichstehenden Umfangsposition eingebaut, welche der Relativposition der Fünflochsonde zum Leitgitter entspricht. Ihre radiale Position sowie der Winkel α werden vor der Messwertaufnahme der Fünflochsonde entsprechend nachgeführt.

In der Messebene stromab des Rotors (ME4) ist es auf Grund der geringen zeitlichen Auflösung des Druckmesssystems nicht möglich, die Nachlaufdellen des Rotors aufzulösen. Trotzdem ist die Messung mit stationärer Druckmesstechnik insoweit sinnvoll, da die durch den Rotor ausgemischten Nachlaufdellen des vorhergehenden Vorleitgitters erkennbar sind. Sie haben aber eine erheblich verbreiterte und abgeflachte Struktur. Weiterhin liefern diese Messungen die Strömungsgrößen im Absolutsystem, welche beispielsweise für die Bilanzierung der Verluste von Interesse sind. Für die Vermessung des Strömungsfelds wurde das Statorgitter um eine Teilung in Umfangsrichtung traversiert. Für eine exaktere Messung hätte um die größere Teilung des Vorleitgitters traversiert werden müssen.

Die Ergebnisse aus vorangegangen Tests haben gezeigt, dass dies bei den später noch dargestellten Ergebnissen einen vernachlässigbaren Einfluss auf die Umfangsmittelung der Daten hat. Somit konnte aber bei ausreichender Genauigkeit der Messungen der Zeitfaktor um rund 60% verringert werden. Dies erklärt jedoch die leichten sprunghaften Übergänge in den Abbildungen 6.15 bis 6.18.
Die Auswertung der Fünflochsondenmessung ist im Anhang A.2 und die Kalibrierung der Sonde im Anhang A.3 näher beschrieben. Für die Bestimmung der Geschwindigkeiten und des Totaldrucks im Relativsystem wird zusätzlich die Umfangsgeschwindigkeit des Rotors benötigt. Sie ergibt sich aus dem Messradius und der Drehzahl. Der Totaldruck im Relativsystem ist für die Bilanzierung der Druckverluste über den Rotor notwendig.

Im ersten Teil des Kapitels folgen die Konturdarstellungen des Totaldrucks stromab des Rotorgitters. Im Auslegungspunkt des Verdichters ist zu erkennen, dass bei Einblasung die Gebiete geringeren Totaldrucks im Randbereich am Gehäuse verringert werden und sich weniger in radialer Richtung ausbreiten. Weiterhin ist zu erkennen, dass dann die Hauptströmung des Verdichters homogener als die der Referenz ist, vergleiche Abbildungen 6.15 und 6.16. In beiden Konfigurationen ist die stabile Eckenablösung des Rotors an der Nabe zu sehen, erkennbar an den ovalen Gebieten hohen und niedrigeren Totaldrucks. Dies wird durch Interaktionen der Schaufel- und Nabengrenzschicht verursacht. In der Hauptströmung lässt sich weiterhin feststellen, dass die durch das Rotorgitter transportierten Nachläufe des Vorleitgitters mit Einblasung schwächer ausgeprägt sind.

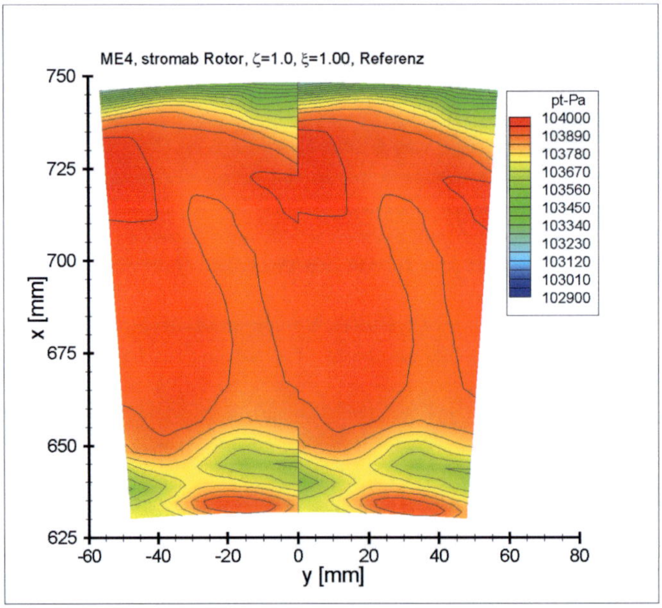

Abbildung 6.15. Referenz, Verteilung des Totaldrucks stromab des Rotors, AP

In den Abbildungen 6.17 und 6.18 ist der Strömungszustand bei angedrosseltem Verdichter dargestellt. Das Totaldruckniveau ist durch den erhöhten Arbeitsumsatz der Rotorbeschaufelung gestiegen. Im Nabenbereich wird die Eckenablösung gedämpft und der Totaldruck steigt an. Die Randgebiete höheren Drucks konzentrieren sich im Randbereich und fächern nicht so weit in radialer Richtung auf, wie es im Auslegungspunkt zu sehen ist. Die Gebiete geringeren Totaldrucks in den Randbereichen am Gehäuse konzentrieren sich mit und ohne Einblasung auf ein schmales Band, ähnlich der verringerten Ausbreitung an der Nabe. Analog zum Auslegungspunkt sind auch hier mit Einblasung die das Rotorgitter passierende Nachläufe des Vorleitgitters schwächer ausgeprägt, erkennbar an der geringeren Ausbreitung in Umfangsrichtung des Verdichters.

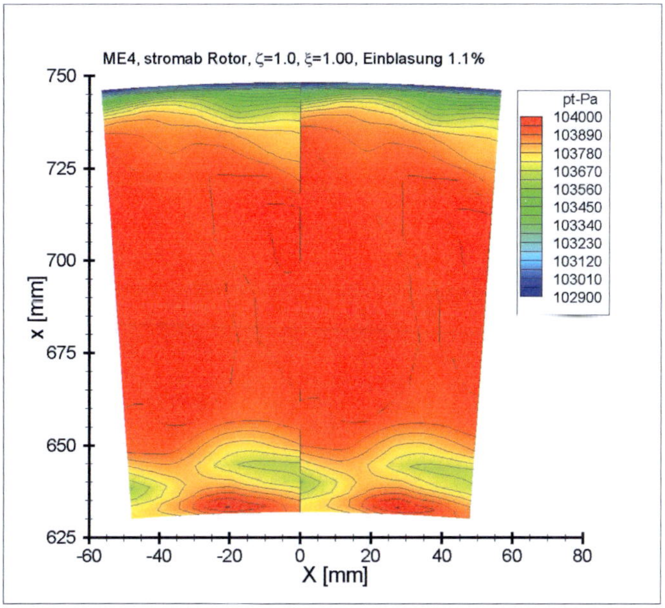

Abbildung 6.16. Einblasung, Verteilung des Totaldrucks stromab des Rotors, AP

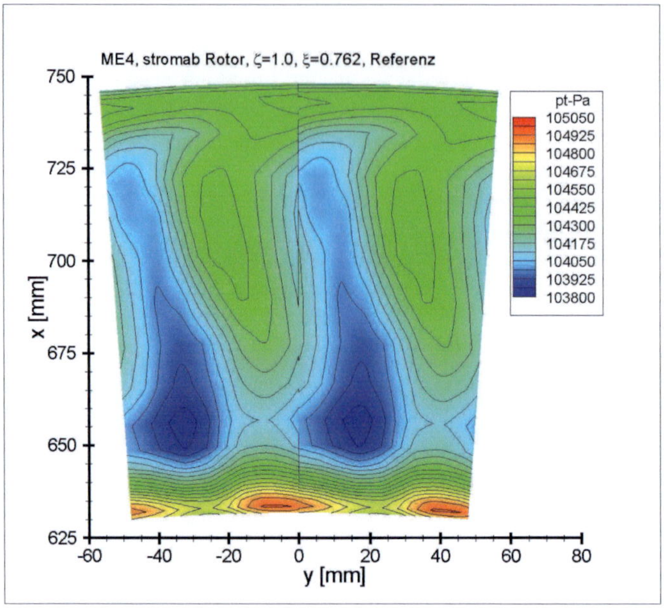

Abbildung 6.17. Referenz, Verteilung des Totaldrucks stromab des Rotors, NS

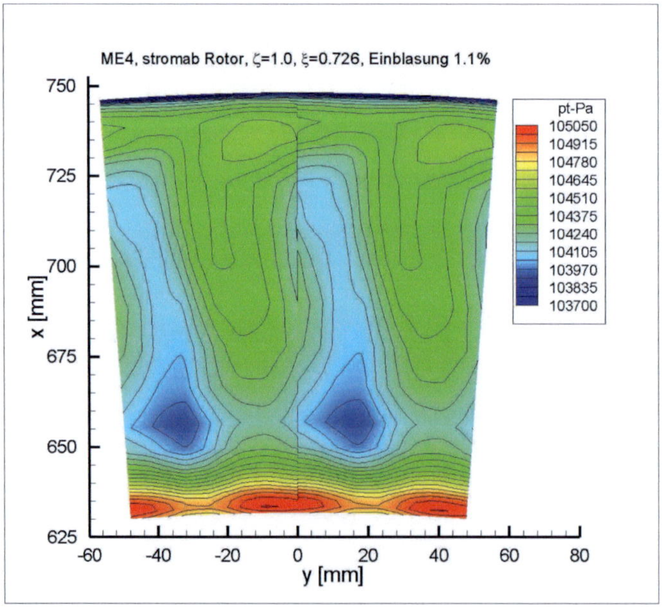

Abbildung 6.18. Einblasung, Verteilung des Totaldrucks stromab des Rotors, NS

Im folgenden Teil des Kapitels werden die Belastungskriterien diskutiert. Die gewählten Kriterien sind die DeHaller Zahl (DHZ) und die Diffusionszahl (Lieblein-Faktor, DFZ), welche Informationen über das Verzögerungsverhältnis bzw. der Schaufelbelastung enthalten. Die DeHaller Zahl ist definiert als das Verhältnis zwischen Zu- und Abströmung, somit sind alle Werte kleiner 0.7 als kritisch zu betrachten. Für die Diffusionszahl gilt, dass alle Werte größer 0.45 als kritisch zu bewerten sind, siehe Gleichungen 6.7 und 6.8. Die Kennzahlen deuten darauf hin, wo die Schaufel gering bzw. kritisch belastet ist und können helfen, Tendenzen einer Strömungsablösung zu erkennen und ferner den Ort der Entstehung einer Ablösung näher zu lokalisieren.
Weiterhin werden die experimentellen Ergebnisse bezüglich DHZ und DFZ mit den aus CFD Simulationen gewonnenen Daten unterstützt. Das Simulationsmodell entspricht der Referenzkonfiguration A18-01 ohne Injektoren mit glatten Ringraumwänden. Es besteht ferner aus einer Vorleitschaufel, einer Rotorschaufel mit 1.5mm Radialspalt und einer Statorschaufel mit jeweils periodischen Randbedingungen in Umfangsrichtung. Dabei wurden die dargestellten Betriebspunkte mit dem Ansatz der nicht-linearen Harmonischen (NLH) berechnet, siehe Abschnitt 7.2. Alle weiteren Randbedingungen entsprechen denen der in Abschnitt 7.1 dargelegten Bedingungen. Die CFD Ergebnisse stehen in gutem Einklang mit den experimentellen Daten. Auf eine weiterführende Diskussion dieser Berechnungen soll hier nicht näher eingegangen werden.

$$DHZ_{Rotor} = \frac{w_2}{w_1} \qquad DHZ_{Stator} = \frac{c_3}{c_2} \tag{6.7}$$

$$DFZ_{Rotor} = 1 - \frac{w_2}{w_1} + \frac{\Delta w_u}{2 \cdot w_1 \cdot \frac{s}{t}} \qquad DFZ_{Stator} = 1 - \frac{c_3}{c_2} + \frac{\Delta c_u}{2 \cdot c_2 \cdot \frac{s}{t}} \tag{6.8}$$

Tabelle 6.2 gibt Auskunft über die zulässigen Diffusionszahlen an Rotoren und Statoren. Inwiefern diese Daten auf eine Turbomaschine anwendbar sind, ist zu bedenken, da diese Angaben von NACA Profilen aus Tests in Gitterwindkanälen stammen und nur für gerade Schaufeln bzw. mit schwacher Änderung der Staffelung sowie symmetrischer Skelettlinie gelten, siehe auch Robbins et al. [59]. Somit werden die hier getroffenen Aussagen als Tendenzen verstanden und qualitativ diskutiert.
Vergleicht man diese Werte mit den Messdaten der Beschaufelung A18-01, so erkennt man, dass die Maschine im Mittelschnitt als stets unkritisch zu betrachten ist. Auffällig sind die großen Abweichungen nahe Gehäuse und Nabe auf Grund der Interaktion der Hauptströmung mit der stark ausgebildeten Sekundärströmung in den Seitenwandbereichen des Verdichters. Die Beschaufelung ist in diesen Bereichen sehr hoch belastet. Der Vergleich zwischen einzelnen Betriebspunkten kann dennoch als Relativbetrachtung für jeden Schaufelschnitt vorgenommen werden.

Tabelle 6.2. Diffusionszahlen - Grenzwerte nach Kleinert [34]

Schaufel	Nabe	Mittelschnitt	Gehäuse
Laufschaufel	0.60	0.60	0.45
Leitschaufel	0.48	0.60	0.48

In den folgenden Abbildungen sind dem Auslegungspunkt und dem Betriebspunkt nahe der Stabilitätsgrenze jeweils die Referenz ohne Einblasung zu Grunde gelegt. Weiterhin sind die Verläufe über der Schaufelhöhe im erweiterten Betriebsbereich dargestellt.

Für den Auslegungspunkt ist erkennbar, dass der Rotor von rund 20% bis 80% Kanalhöhe unkritisch ist. Der Nabenbereich (~20% Schaufelhöhe) ist höher belastet als der Gehäuse- und Mittelschnitt, Abbildung 6.19. Der Unterschied zwischen Referenz und Einblasung ist gering, führt aber ab dem Mittelschnitt zu einer geringfügigen Entlastung des Rotors. Nahe der Blattspitze werden mit Einblasung nahezu identische Werte erreicht.

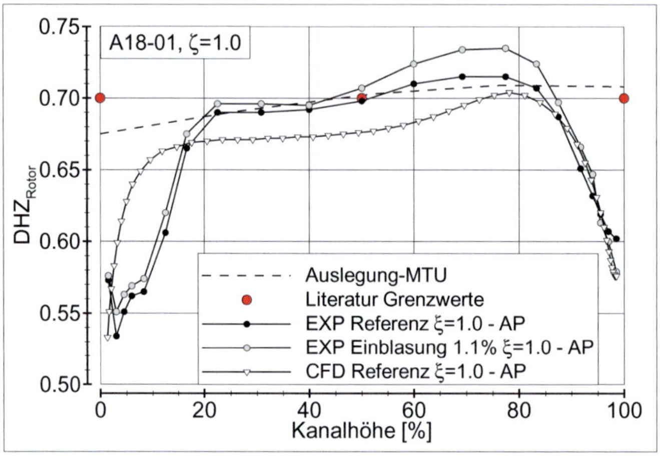

(a) Verzögerungskriterium

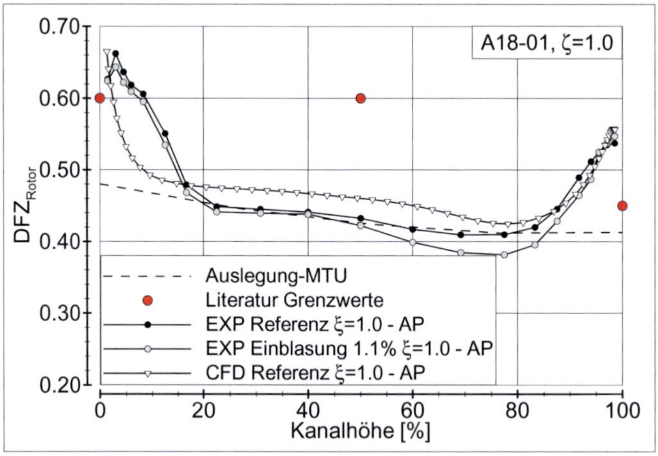

(b) Belastungskriterium

Abbildung 6.19. Kriterien für den Rotor, AP

Beim Androsseln steigen die absoluten Belastungen, auf Grund des verminderten Massenstroms und der höheren Umlenkungen, über der gesamten Schaufelhöhe an. In Abbildung 6.20 ist erkennbar, dass nun der äußere Bereich des Rotors stärker belastet ist. Mit Einblasung kommt es nahe der Stabilitätsgrenze ab ca. 30% Kanalhöhe zu einer Entlastung des Rotors, welche auch im Maximum bei 95% Kanalhöhe unterhalb des Referenzniveaus liegt. Wird die Maschine in den erweiterten Betriebsbereich gefahren, so steigen die Belastungen über der Schaufelhöhe fast gleichmäßig an. Die Schaufel bleibt arbeitsfähig. Es ist zu erkennen, dass der Nabenbereich des Rotors nicht weiter ansteigt und eher unkritisch bleibt. Der Maximalwert im Außenschnitt steigt noch an und wird in Richtung Kanalmitte verschoben. Demnach ist der Rotor als gehäusekritisch (*tip-critical*) einzustufen.

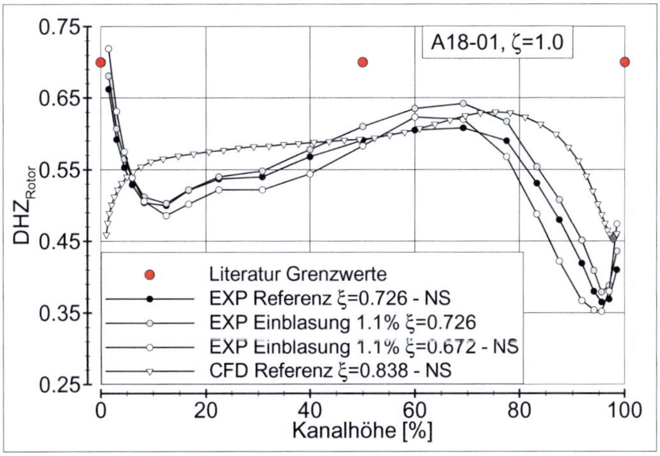

(a) Verzögerungskriterium

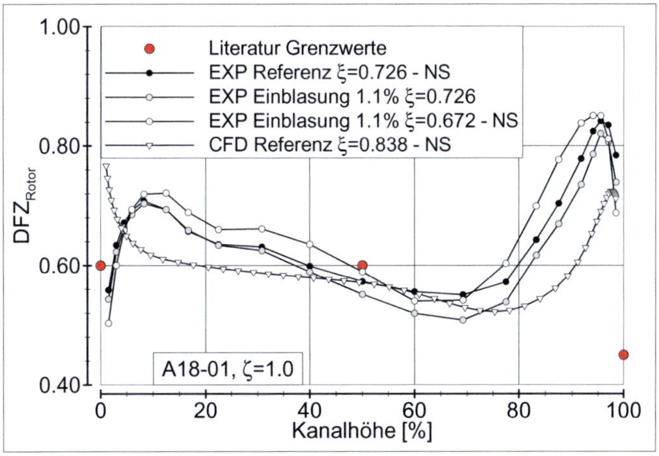

(b) Belastungskriterium

Abbildung 6.20. Kriterien für den Rotor, NS

Analog wird nun der Stator 1 diskutiert. Auch hier ist zu erkennen, dass der Stator im Auslegungspunkt zwischen 12% und 82% Kanalhöhe unkritisch ist, Abbildung 6.21. Im Nabenbereich ist der Stator höher belastet als im Außenschnitt und zeigt somit ähnliche Tendenzen zum Rotor auf. Mit Einblasung fällt die Belastung über der Schaufelhöhe deutlich stärker mit negativem Gradienten ab und führt zur Entlastung des Stators, selbst im Gehäusebereich.

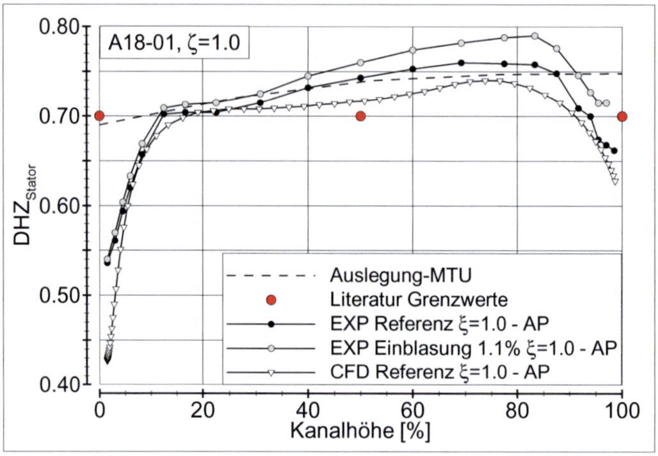

(a) Verzögerungskriterium

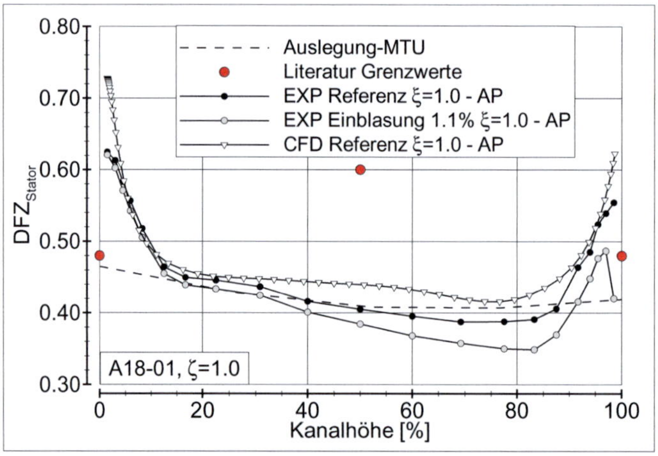

(b) Belastungskriterium

Abbildung 6.21. Kriterien für den Stator, AP

Beim Androsseln steigen die absoluten Belastungen über der Schaufelhöhe ebenfalls deutlich an. Der Stator verzögert an der Nabe stärker als am Gehäuse, Abbildung 6.22. Während die Belastungen nahe Stabilitätsgrenze mit Einblasung von Mittelschnitt bis Außenschnitt sinken, steigen sie von Nabenschnitt bis Mittelschnitt an. Es kommt somit zur Belastungsumverteilung des Stators.

Weiterhin ist bei 30% Kanalhöhe ein lokales Maximum festzustellen. Die gleichmäßige Belastung, wie sie im Auslegungspunkt zu finden ist, wird bei hoher aerodynamischer Belastung nicht mehr erreicht. Im erweiterten Betriebsbereich steigen die Belastungen gleichmäßig an und erreichen im Gehäuse- und Nabenbereich ähnlich hohe Werte. Der Maximalwert im Außenschnitt wird analog zum Rotor in Richtung Kanalmitte verschoben.

Verglichen mit den Grenzwerten laut Tabelle 6.2 sind die Bereiche um den Mittelschnitt für beide Gitter als unkritisch zu bewerten. Der Stator weist gleich hohe Belastungen an Nabe und Gehäuse auf und übertrifft die Grenzwerte um 56%. Für den Rotor werden Überbelastungen von 20% an der Nabe und 89% am Gehäuse erreicht. Der Blattspitzenbereich kann somit als stark belastet angesehen werden.

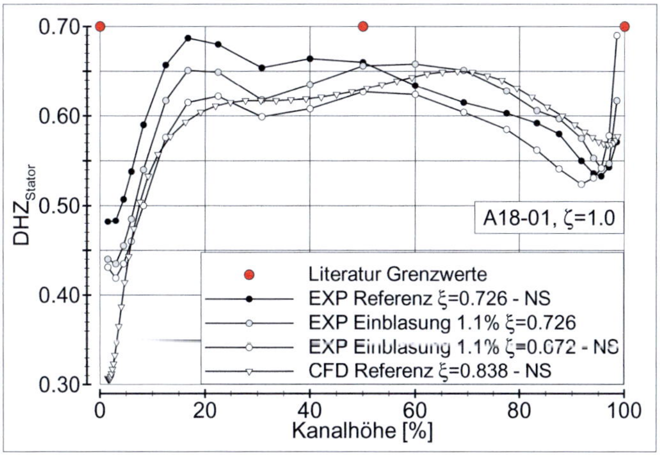

(a) Verzögerungskriterium

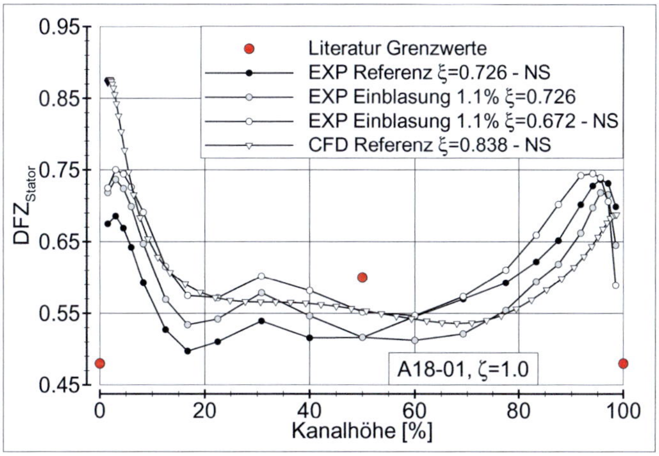

(b) Belastungskriterium

Abbildung 6.22. Kriterien für den Stator, NS

Es soll noch erwähnt werden, dass die Beschaufelung mit Radialspalten (*cantilevered*) ausgeführt ist. Das heißt, der Rotor hat in dieser Konfiguration einen Spalt von 1.5mm zum Gehäuse, der Stator 1.8mm zur Nabe. In beiden Fällen befand sich die Sonde dennoch stets vor bzw. hinter einer Schaufel und nicht in Spalthöhe.

Die folgenden Abbildungen sollen die aufgezeigten Belastungszustände, anhand der An- und Abströmwinkelverteilungen sowie Umlenkungen der Schaufelgitter, näher beschreiben. In den Diagrammen sind weiterhin die Auslegungsdaten der Beschaufelung aufgetragen. Im Auslegungspunkt ξ=1.00 ist zu erkennen, dass die Zuströmung für den Rotor mit den Auslegungsdaten (Metall- und Gaswinkel) im Bereich 20% und 80% Kanalhöhe übereinstimmen, Abbildung 6.23. Die Abweichung im Naben- und Gehäusebereich ist auf die verlustfreie Auslegung zurückzuführen. Ab 50% Kanalhöhe weist die Zuströmung bei Einblasung minimal verringerte Inzidenzen auf (ca. 0.5°), ist aber mit der Referenz nahezu identisch. Dieses Phänomen wird nahe der Stabilitätsgrenze (ξ=0.762) deutlicher.

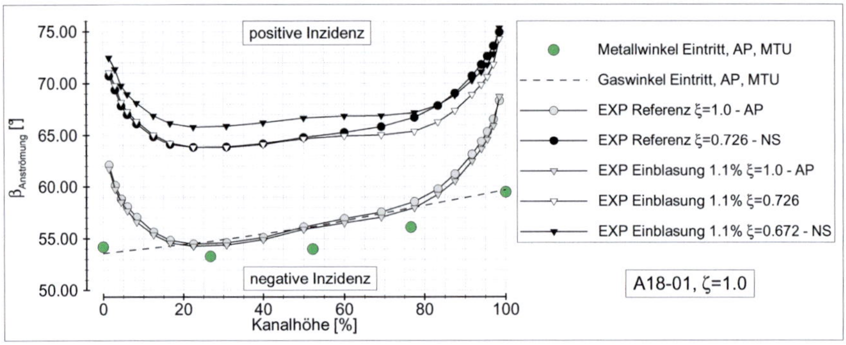

(a) Anströmwinkel

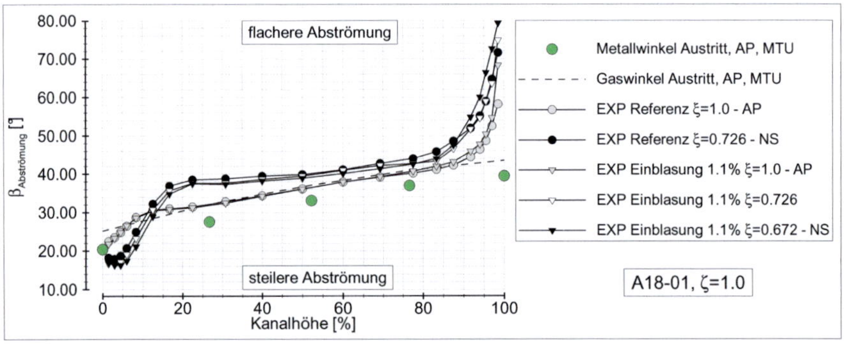

(b) Abströmwinkel

Abbildung 6.23. Verteilungen des Rotors in ME3 und ME4

Während sich von Nabe bis Mittelschnitt keine erkennbaren Unterschiede ergeben, sinkt die Inzidenz bei Einblasung um maximal 1.8° deutlich ab. Somit führt die Einblasung nur bis zum Mittelschnitt zu einer radialen Umverteilung des Strömungsfeldes.

Im erweiterten Betriebsbereich (ξ=0.672) vergrößert sich der Bauchstoß um etwa 2.0° fast homogen über der Schaufelhöhe. Im Gehäusebereich ab 83% Kanalhöhe kann die Fehlanströmung auf dem Niveau der Referenz gehalten werden und zeigt bei 95% Kanalhöhe sogar geringere Inzidenzen. Die relativen Abströmwinkel sind zwischen 10% und 85% Kanalhöhe je Betriebspunkt fast identisch. Im untersuchten Arbeitsbereich ist der relative Abströmwinkel des Rotors zwischen 60% und 85% Kanalhöhe nahezu unempfindlich gegenüber Fehlanströmung. Im Nabenbereich wird im Mittel eine Mehrumlenkung von ca. 7°erreicht, was zu einer höheren Belastung des Rotors führt. Während die Strömungswinkel mit und ohne Beeinflussung nahe der Stabilitätsgrenze noch nahezu identisch sind, kommt es bis zum erweiterten Betriebsbereich von der Blattspitze bis 85% Kanalhöhe zu einer Minderumlenkung, die bei 95% Kanalhöhe ein Maximum von 7.5° aufweist. In diesem Bereich wird der Rotor demnach entlastet. Dies spiegelt sich auch in Abbildung 6.24 wieder. Betrachtet man den gehäusenahen Bereich, so führt die Einblasung zu einer Minderumlenkung des Rotors von maximal 8°, was demnach zur aerodynamischen Entlastung führt. Vom Nabenbereich bis 85% Kanalhöhe kommt es zu einer gleichmäßigen Mehrumlenkung über der Schaufelhöhe, je stärker die Maschine angedrosselt wird. Das heißt, dass die aktive Strömungsbeeinflussung nur im Gehäusebereich einen Einfluss auf die Umlenkung und somit auf die Schaufelbelastung hat.

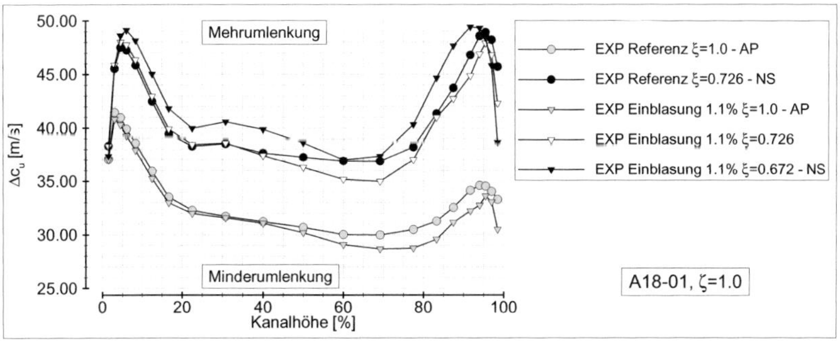

Abbildung 6.24. Verteilung der Änderung der Umfangsgeschwindigkeit über dem Rotor

Die Zuströmung zum Stator ändert sich im Auslegungspunkt mit und ohne Strömungskontrolle erheblich. Vom Mittelschnitt bis Gehäuse erzielt die Einblasung eine verringerte Fehlanströmung der Druckseite von maximal 2°. Nahe der Stabilitätsgrenze ist dieser Effekt noch deutlicher ausgeprägt und reicht bis 40% Kanalhöhe bei einem Maximalwert von 2.7°. Der Nabenbereich verändert sich dadurch nicht, Abbildung 6.25. Ebenfalls bleiben in diesem Bereich auch die Abströmwinkel nahezu konstant, was sich in einer konstanten Umlenkung äußert, Abbildung 6.26.
Im erweiterten Betriebsbereich ist der deutliche Anstieg der positiven Inzidenz ab 74% Kanalhöhe zu erkennen. Die auf Grund der Einblasung veränderte Abströmung des Rotors führt zu einer größeren Fehlanströmung des folgenden Stators. Ab 80% Kanalhöhe reagiert dieser mit einer erhöhten Umlenkung von maximal 8°, was demnach zu einer höheren aerodynamischen Schaufelbelastung führt. Somit wirkt sich eine Fehlanströmung der Statoren stärker auf eine geänderte Abströmung aus, als es bei den Rotoren festzustellen ist. Der Stator wird dennoch im Bereich von 55% bis 75% Kanalhöhe entlastet und erfährt ähnliche Umlenkungen wie nahe der Stabilitätsgrenze mit Einblasung.

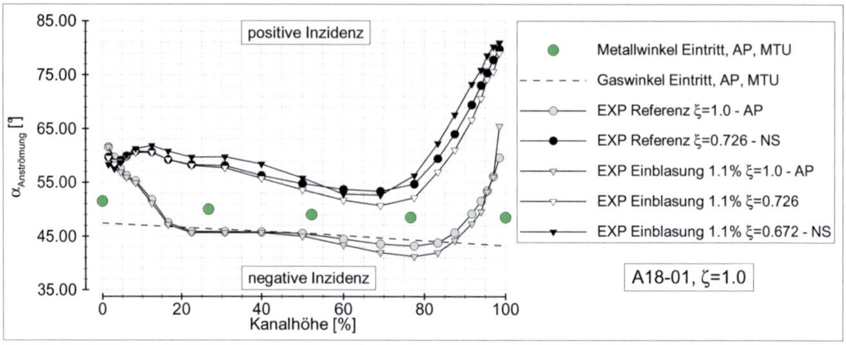

(a) Anströmwinkel

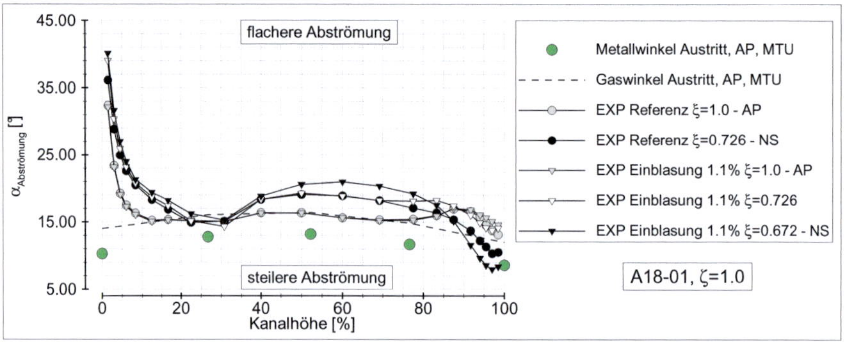

(b) Abströmwinkel

Abbildung 6.25. Verteilungen des Stators in ME4 und ME5

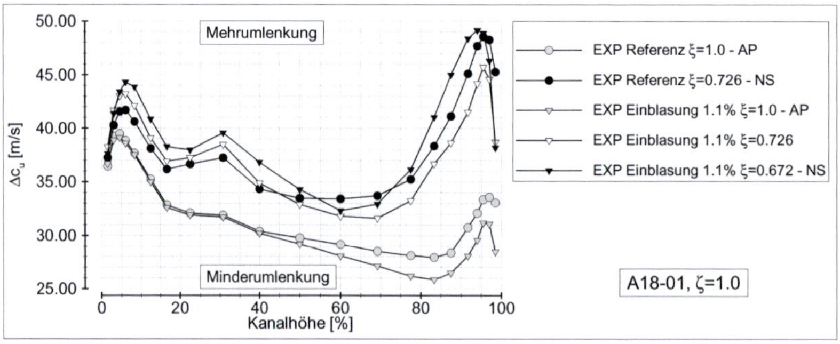

Abbildung 6.26. Verteilung der Änderung der Umfangsgeschwindigkeit über dem Stator

Die Totaldruckverteilung hinter dem Rotor zeigt einen homogenen Verlauf in Abhängigkeit des Betriebspunktes und steigt beim Androsseln stetig an, Abbildung 6.27(a). Auch hier ist festzustellen, dass die Einblasung nur im Gehäusebereich eine Veränderung im Strömungsfeld hervorruft.

Nahe der Stabilitätsgrenze sinkt der Totaldruck durch den eingebrachten Massenstrom etwas ab, wobei das lokale Maximum in beiden Fällen bei 97% Kanalhöhe liegt. Im erweiterten Betriebsbereich wird dieses Maximum in Richtung Kanalmitte verschoben (ca. 90% Kanalhöhe) und erreicht einen höheren Wert als die Referenz ohne Einblasung. Betrachtet man die Verteilung der Axialgeschwindigkeit hinter dem Rotor (Abbildung 6.27(b)), so fällt auf, dass diese ab 75% Kanalhöhe im erweiterten Betriebsbereich unterhalb des Referenzniveaus absinkt und ein Minimum von knapp 7m/s erreicht, was einer Verringerung von rund 24% entspricht. Die Strömung wird nach dem Rotor und Passieren des Radialspaltes stärker verzögert, was die Entstehung von Blockagen begünstigt.

Der Stator zeigt ein deutlich anderes Verhalten auf. Der Totaldruck sinkt beim Androsseln des Verdichters stärker ab. Wird eingeblasen, steigt der Totaldruck nahe der Stabilitätsgrenze ab 45% Kanalhöhe deutlich an, siehe Abbildung 6.28(a).

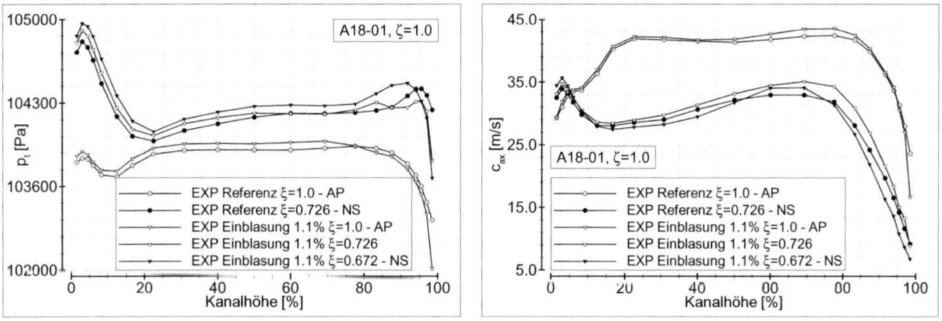

(a) Totaldruck (b) Axialgeschwindigkeit

Abbildung 6.27. Verteilungen des Rotors in ME4

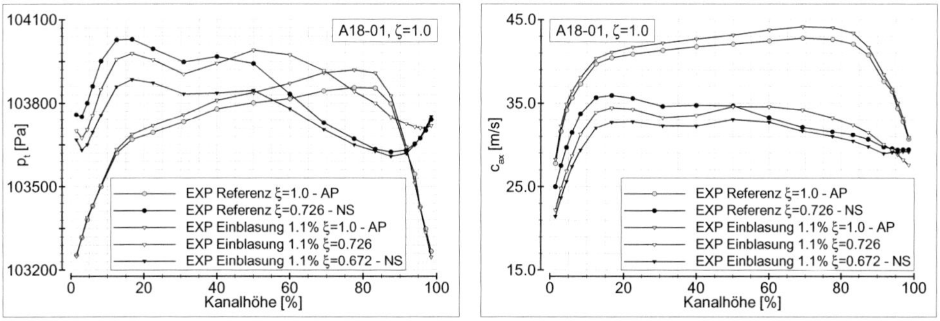

(a) Totaldruck (b) Axialgeschwindigkeit

Abbildung 6.28. Verteilungen des Stators in ME5

Im erweiterten Betriebsbereich fällt der Druck über der gesamten Schaufelhöhe weiterhin ab, jedoch ab ca. 70% Kanalhöhe nicht unterhalb des Referenzniveaus. Somit erfährt der Stator keinen erhöhten Totaldruckverlust.

Die Verteilung der Axialgeschwindigkeit hinter dem Stator bleibt beim Androsseln stabil, Abbildung 6.28(b). Ab 60% Kanalhöhe wird im erweiterten Betriebsbereich ein qualitativ ähnlicher Verlauf zur Referenz nahe der Stabilitätsgrenze erreicht. Verglichen mit dem Rotor sind im Gehäusebereich immer noch Axialgeschwindigkeiten von 29m/s festzustellen.

Betrachtung der Verluste

Durch die Grenzschicht an den Seitenwänden und Schaufelprofilen sowie Sekundärströmung, wie z. B. der Radialspaltwirbel, entstehen Seitenwand-, Schaufel- sowie Sekundärverluste. Sie sind integral als Totaldruckverlust bestimmbar und werden auf den dynamischen Druck am Eintritt des Bilanzraumes im Mittelschnitt bezogen. Für eine aussagefähige Darstellung ist es erforderlich, die Differenz aus den Totaldrücken an den Bilanzgrenzen auf derselben Stromlinie zu bilden. Die Verlustbeiwerte werden, nach dem im Anhang A.2 beschriebenen Algorithmus, aus der mit sehr engem Raster vermessenen Totaldruckverteilung der Strömungsfeldvermessung mit der Fünflochsonde berechnet.

Vereinfacht gilt für den Verlustbeiwert (inkompressibel):

$$\zeta_{lokal,V} = \frac{p_{t1,MS} - p_{t2}}{p_{dyn1}} \qquad \text{für Verdichtergitter} \qquad (6.9)$$

In Abbildung 6.29 sind die Verläufe der Verluste für das Rotorgitter sowie für das Statorgitter und in Tabelle 6.3 die globalen Verlustbeiwerte dargestellt.

Betrachtung des Rotorgitters, Abbildung 6.29(a):
Im Auslegungspunkt des Verdichters ist festzustellen, dass die Verluste bei Einblasung fast über der gesamten Schaufelhöhe verringert sind. Lediglich in den Randbereichen lassen sich keine Unterschiede zur Referenz aufzeigen. Ein ähnliches Verhalten ergibt sich für den Betriebspunkt nahe der Stabilitätsgrenze bezogen auf die Referenz ohne Einblasung (ζ=1.00 und ξ=0.726). Wird der Verdichter weiterhin angedrosselt, und befindet sich mit Einblasung in einem Betriebspunkt im erweiterten Betriebsbereich, so steigen die Verluste nahezu gleichmäßig über der Schaufelhöhe an und erreichen hier ihr Maximum. Dies ist auf den verringerten Durchsatz des Verdichters und der damit verbundenen Erhöhung der positiven Inzidenz zurückzuführen.

Betrachtung des Statorgitters, Abbildung 6.29(b):
Im Auslegungspunkt des Verdichters ist festzustellen, dass die Verluste bei Einblasung im Bereich von 70% Kanalhöhe bis Gehäusewand reduziert werden können. Bis zur Nabe liegen die Verluste tendenziell etwas über denen der Referenz. Die Reduzierung im Gehäusebereich ist jedoch größer als der Anstieg im Nabenbereich, so dass der integrale Verlustbeiwert mit Einblasung geringer ist als der der Referenz. Wird der Verdichter auf den Betriebspunkt ζ=1.00 und ξ=0.726 angedrosselt, ändert sich dieses Verhalten. Zwischen Nabe und Mittelschnitt liegen die Verluste mit Einblasung über denen der Referenz, während sie ab Mittelschnitt bis Gehäuse unterhalb der Referenz liegen. Die durch das Einblasen geänderte Abströmung des Rotors führt am Stator zu einer geringen radialen Umverteilung der Strömungsgrößen, so dass die Kurve der Einblasung einen stärkeren positiven Gradienten erfährt und sich sinngemäß um den Punkt des Mittelschnitts dreht. Der integrale Verlustbeiwert ist mit und ohne Einblasung in diesem Betriebspunkt fast identisch. Zieht man nun den Rotor mit in Betracht, so ergibt sich ein verringerter Verlustbeiwert der ganzen Verdichterstufe.

Analog zum Rotorgitter werden auch hier im Betriebspunkt im erweiterten Betriebsbereich (ζ=1.00 und ξ=0.672) die größten Verluste erzielt und liegen oberhalb denen der Referenz im letzten stabilen Betriebspunkt.

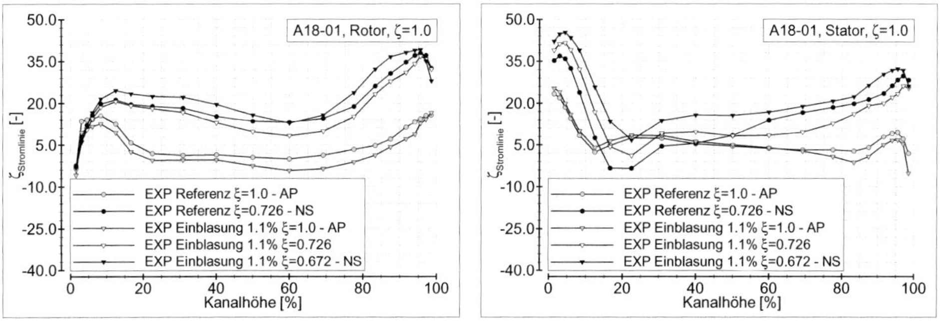

(a) Rotorgitter (b) Statorgitter

Abbildung 6.29. Verteilungen der Verluste auf Stromlinien

Zusammenfassend ist festzuhalten, dass die globalen Verluste im getesteten Betriebsbereich mit Hilfe der Einblasung gesenkt werden können. Diese Ergebnisse stehen in Übereinstimmung mit den im vorangegangenen Abschnitt 6.2 dargelegten Ergebnissen unter dem Aspekt, dass zur Bestimmung der Verluste aus den Strömungsfeldmessungen andere Messtechniken benutzt wurden, als es bei der Ermittelung der Wirkungsgrade aus den Kennfeldmessungen der Fall war.

Tabelle 6.3. Verlustbeiwerte auf Stromlinien - Auslegungsdrehzahl (ζ=1.00)

Durchflusskennzahl ξ	Referenz			Einblasung 1.1%		
	Rotor	Stator	Summe Stufe	Rotor	Stator	Summe Stufe
1.0	4.036	5.631	9.667	0.779	4.980	5.759
0.726	17.430	12.635	30.065	14.68	12.752	27.432
0.672	-	-	-	19.611	19.658	39.658

Die Beschaufelung ist im Nabenbereich als unkritisch einzustufen, wobei ein Strömungsabriss des Verdichters auf Grund einer Eckenablösung an der Nabe (hub-corner-stall) ausgeschlossen werden kann. Ohne Einblasung reißt die Maschine beim Androsseln eher ab. In dieser Konfiguration ist der Stator weniger belastet als im erweiterten Betriebsbereich. Würde die kritische Stelle am Gehäuse des Stators erwartet werden, so würde die Einblasung nicht den Effekt der Betriebsbereichserweiterung hervorrufen, da der Stator sonst nicht stärker belastet werden könnte. Die Indizien weisen darauf hin, dass der Rotor an der Blattspitze kritisch ist und der Verdichter auf Grund des Entstehens einer Ablösung in diesem Bereich abreißt, wenn er die Stabilitätsgrenze überschreitet. Die eindeutige Klärung, ob die stabilitätsbegrenzenden Strömungsinstabilitäten im Rotor- oder Statorgitter entstehen, kann nur mit Hilfe von zeitauflösender Messtechnik bestimmt werden, siehe dazu die im folgenden Kapitel dargelegten Ergebnisse.

6.4. Beeinflussung der Strömungsinstabilitäten und Überschreiten der Stabilitätsgrenze

Die Verwendung von Mikrofonen stellt ein Messverfahren dar, um anhand von zeitlich aufgelösten Messungen Strömungsinstabilitäten zu identifizieren, welche unter bestimmten Voraussetzungen zum Strömungsabriss des Verdichters führen. Bei einem genügend engen Messraster kann auf diese Weise der Ort der Entstehung von beispielsweise rotierenden Instabilitäten lokalisiert werden. Die im Zuge dieser Arbeit durchgeführten Untersuchungen sollen im Wesentlichen zwei Fragestellungen klären: Einerseits ob der Strömungsabriss im Stator- oder Rotorgitter ausgelöst wird und andererseits wie das Einblasen von Luft das Stabilitätsverhalten des Verdichters beeinflusst. Dazu wurden insgesamt 18 Mikrofone am Gehäuse appliziert. Davon befinden sich 12 Stück in Höhe der Vorderkanten des Rotors und weitere 6 Stück in Messebene 5 hinter dem Statorgitter. Die Mikrofone wurden gleichverteilt über dem Verdichterumfang angebracht. Es wurden experimentelle Untersuchungen im stabilen Betriebsbereich bei konstanten Betriebspunkten sowie kontinuierlicher Änderung des Betriebspunktes bis hin zum Überschreiten der Stabilitätsgrenze bei Auslegungsdrehzahl $\zeta = 1.0$ durchgeführt.
Das Stabilitätsverhalten des NGV wurde von Mailach [40] ausführlich untersucht. Im stabilen Betriebsbereich des Verdichters können zwei unabhängige Modalwellen detektiert werden. Die Modalstörungen können mit den Moden der 1. und 2. Ordnung beschrieben werden. Das entspricht jeweils einer Wellenlänge von 360° und 180° über den Verdichterumfang. Die so beschriebenen Modalwellen sind mit der wellenförmigen Änderung der Strömungsgrößen, wie z. B. Druck, Geschwindigkeit und Inzidenz, verknüpft und breiten sich in Umfangsrichtung sowie in axialer Richtung aus. Sie werden in der Literatur als Vorläufer rotierender Instabilitäten beschrieben. Eine genauere Beschreibung grundlegender Strömungsphänomene ist in Kapitel 2.2 gegeben.

Ergebnisse

Es konnte nachgewiesen werden, dass der gleiche fundamentale Mechanismus des Strömungsabrisses des 4.5 stufigen Standardverdichters auch im 1.5 stufigen Verdichter mit und ohne Einblasung zu finden ist, Künzelmann et al. [37]. Einzelheiten zu den instationären Strömungsvorgängen und Berechnungsalgorithmen sind in Mailach und Vogeler [42] dokumentiert.

Kurz vor Erreichen der Stabilitätsgrenze des Verdichters überlagern sich die Modalwellen, während sich deren Amplituden vergrößern, siehe Abbildung 6.30(a). Ein typisches Beispiel der Ausbreitung der 1. und 2. Mode entlang des Verdichterumfangs ϕ und Auslöser für den Strömungsabriss ist in Abbildung 6.30(b) gegeben. Die Darstellung basiert auf der räumlichen Rekonstruktion der Zeitsignale der 12 Mikrofone und zeigt die Maxima des statischen Druckes der Modalwellen. Dabei werden die Signale mit einer Sinusfunktion gemäß dem Modenmuster approximiert und die Messdaten mit einer Auflösung in Umfangsrichtung von $\phi = 1°$ interpoliert.

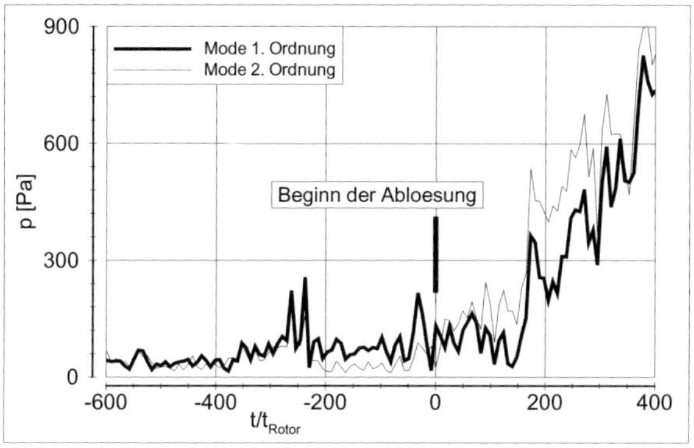

(a) Amplituden der Modalwellen

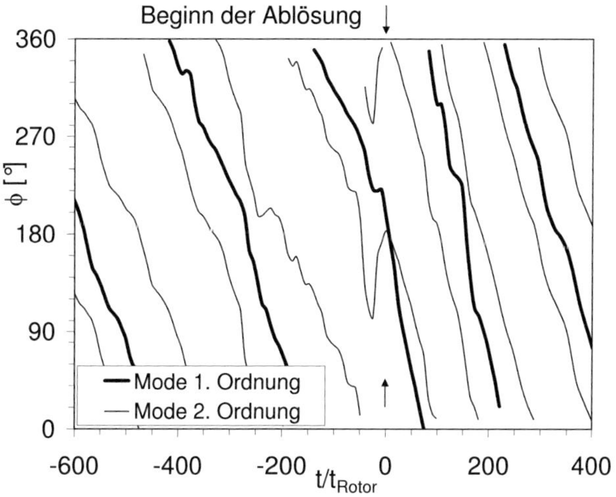

(b) Ausbreitung der Druckmaxima der Modalwellen in Umfangsrichtung

Abbildung 6.30. Überschreiten der Stabilitätsgrenze - A18-02 Referenz

Abbildung 6.31 zeigt die Frequenzspektren der Konfigurationen A18-02 und A18-04 (20 Injektoren) mit und ohne Einblasung in einem stabilen Betriebspunkt nahe der Stabilitätsgrenze. Die Daten stammen von ein und demselben Sensor. Der stärkste Einfluss ist durch die Mode 2. Ordnung mit der höchsten Amplitude gegeben. Die Mode 1. Ordnung befindet sich in einem Bereich nahe des Signalrauschens und wird nicht weiter diskutiert. Weiterhin tritt die 1. und 2. Rotordrehfrequenz (RF) auf. Unter Verwendung der Einblasung kann die Mode 2. Ordnung deutlich gedämpft werden. Dies gilt sowohl für die Konfiguration mit Nominalspalt als auch mit vergrößertem Radialspalt über dem Rotor. Dieses Phänomen ist unabhängig von der Umfangsposition und wird von allen Sensoren gleichermaßen erfasst.

Die hier auftretenden Strömungs-Instabilitäten fallen nach Mailach [40] in die Kategorie der Modalwellen (*modal waves*). Lokale Ablösungen entwickeln sich direkt von den überlagerten Modalwellen zu rotierenden Instabilitäten (*spikes*). Diese Entwicklung kann unter anderem mit den Abbildungen 6.32 bis 6.35 gezeigt werden und wird später noch diskutiert.

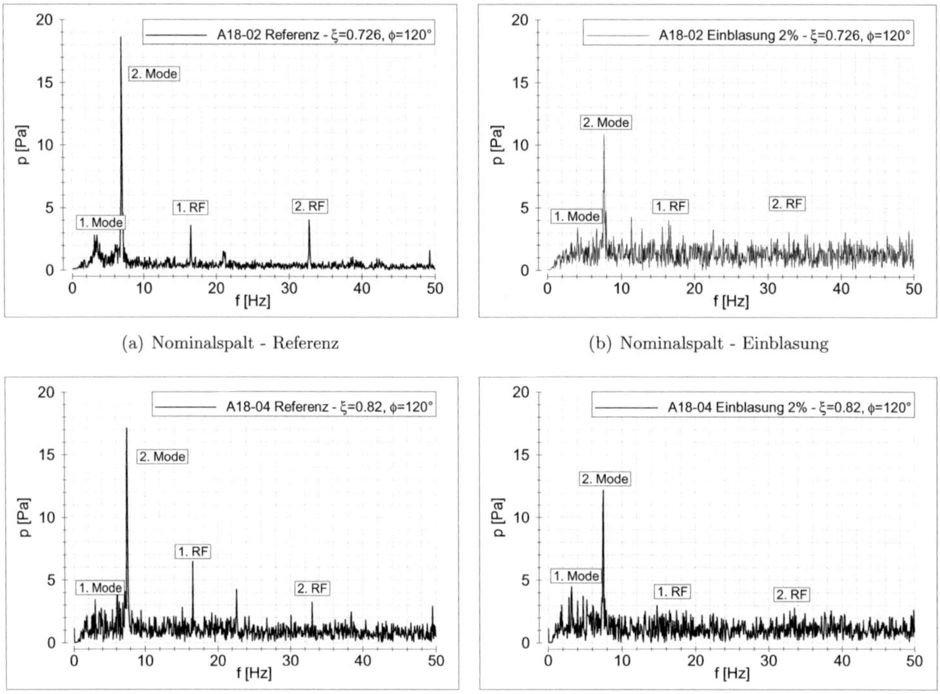

(a) Nominalspalt - Referenz

(b) Nominalspalt - Einblasung

(c) Großer Spalt - Referenz

(d) Großer Spalt - Einblasung

Abbildung 6.31. Frequenzspektrum und Einfluss der Einblasung, $\zeta = 1.0$

Die erfolgreiche Erweiterung des Betriebsbereiches mit den in Kapitel 6.2 beschriebenen Charakteristiken deutet darauf hin, dass entweder eine verzögerte Ausbildung von Spikes in Richtung geringerer Durchsätze erfolgt oder die instationäre Ausbildung von Spikes selbst durch das Einblasen von Luft gehemmt wird. In Abbildung 6.31 wird gezeigt, dass die dominante Mode 2. Ordnung durch die Einblasung deutlich gedämpft wird. Da sich rotierende Instabilitäten aus eben diesen Modalwellen entwickeln, wird vermutet, dass eine Unterbindung der instationären Ausbildung von Spikes erfolgt. Der kritische Zustand der Überlagerung der Moden kann mit Hilfe der Einblasung so beeinflusst werden, dass es möglich ist, die Stabilitätsgrenze zu geringeren totalen Massenströmen zu verschieben. Laut der Vermutung wird der Verzug des Einsetzens eines Strömungsabrisses im Verdichter demnach durch die erst bei geringeren Durchsätzen auftretende Ausbildung von rotierenden Instabilitäten erzielt. Die Einblasung hat somit eine stabilisierende Wirkung auf das Strömungsfeld.

Die entstehenden Strömungsinstabilitäten und das Beobachten des Verhaltens der Strömung bzw. des statischen Druckes an der Gehäusewand bei Überschreiten der Stabilitätsgrenze wurden mit entsprechenden Tests untersucht. Dabei wurde der Verdichter unter kontinuierlicher Änderung des Betriebspunktes bis hin zum Überschreiten der Stabilitätsgrenze bei Auslegungsdrehzahl $\zeta = 1.0$ gefahren.

Die im Folgenden dargestellten Diagramme 6.32 bis 6.36 enthalten die über der Zeitachse aufgetragenen Druckverläufe der jeweiligen Mikrofone. Dargestellt ist der bezogene Zeitabschnitt t/t_{Rotor} von 630 Rotorschaufelwiederholungen, was 10 Rotorumdrehungen entspricht. Bei allen Messaufnehmern sind vor Erreichen der Stabilitätsgrenze deutlich die Modalwellen der 1. und 2. Ordnung erkennbar, welche mit einer Frequenz von ca. 3.5Hz und 7Hz umlaufen (0.145s und 0.29s). Dies entspricht etwa 21% und 42% der Rotordrehfrequenz von 16.67Hz bei Auslegungsdrehzahl. Die Abbildungen 6.32 und 6.33 zeigen exemplarisch das Vorhandensein der Modalwellen und die Entstehung von lokalen Ablösegebieten für die Beschaufelung mit Nominalspalt. Die dargestellten Signale stammen von drei gleichmäßig über den Verdichterumfang verteilten Mikrofonen und zeigen somit auch die Bewegung der Moden in Abhängigkeit der Phasenlage mit einer Schrittweite von $\phi = 120°$.

Das Auftreten von Modalwellen ist verbunden mit einer Fehlanströmung der Beschaufelung. Im Bereich dieser umlaufenden Fehlanströmgebiete treten die ersten Störungen auf, die als Blockage der Strömung in zunächst einem Schaufelkanal interpretiert werden kann. Diese Störung läuft um, wächst in ihrer Ausdehnung an und führt letztendlich zum Strömungsabriss des Verdichters. Der in Abbildung 6.32 blau dargestellte Signalverlauf zeigt eindrucksvoll, wie sich eine lokale Ablösezelle in Umfangsrichtung über mehrere Rotorpassagen ausbreitet. Somit sind vom Detektieren des 1. Spikes bis zum Abriss weniger als fünf Rotorumdrehungen vergangen.

In Abbildung 6.33 führt das Einblasen von Massenstrom zu einem erhöhten Rauschanteil der Signale. Dies ist in den Zeitverläufen der drei ausgewählten Sensoren sichtbar. Die Erkennung von Strömungsinstabilitäten ist somit erschwert. Dennoch können analog zur Referenz die beiden Moden erkannt und sich ausbildende Störungen detektiert werden.

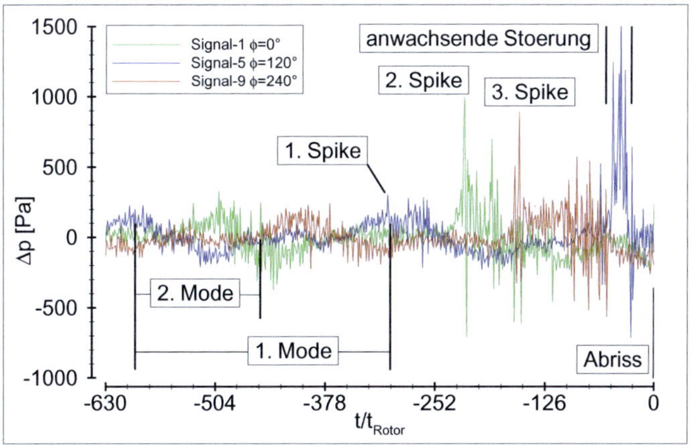

Abbildung 6.32. Zeitverlauf bis Strömungsabriss, VK Rotor - A18-02 Referenz, $\zeta = 1.0$

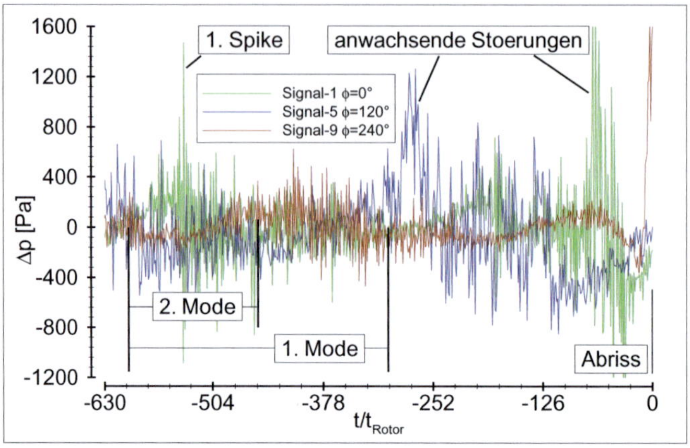

Abbildung 6.33. Zeitverlauf bis Strömungsabriss, VK Rotor - A18-02 Einblasung, $\zeta = 1.0$

Das beschriebene Verhalten des Verdichters bei Nominalspalt konnte ebenfalls bei vergrößertem Radialspalt über dem Rotor festgestellt werden und ist in den Abbildungen 6.34 und 6.35 dargestellt. Der große Spalt führt bei den Konfigurationen A18-04 und A18-05 zu einem verstärkten Verrauschen der Signale. In den Zeitverläufen in Abbildung 6.34 ist die Mode der 2. Ordnung nur noch schwer erkennbar. Im Vergleich zu Abbildung 6.32 mit nominalem Spalt wachsen die Druckschwankungen deutlich an. Auf Grund des hohen Spaltes vergrößert sich auch das Gebiet der Sekundärströmung im Gehäusebereich, was in Verbindung mit dem größeren Abstand des Sensors zur Vorderkante des Rotors, zu einer erhöhten Beeinflussung der Signale führt. Bei einsetzender Einblasung können diese Schwankungen gedämpft werden, Abbildung 6.35. Die Strömungsinstabilitäten, welche bei nominaler Spaltweite auftreten, können auch bei erweitertem Spalt erkannt werden.

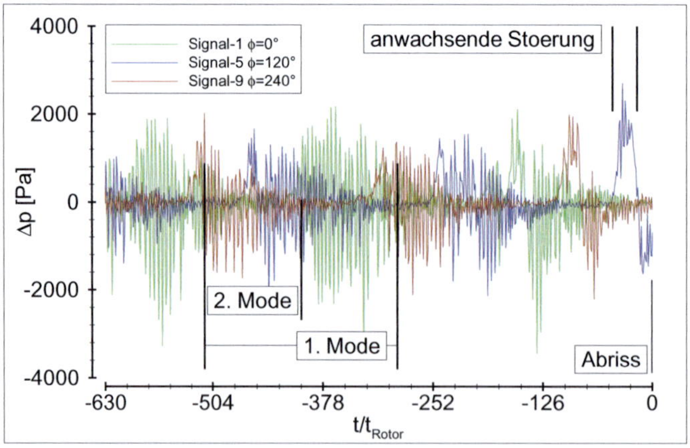

Abbildung 6.34. Zeitverlauf bis Strömungsabriss, VK Rotor - A18-04 Referenz, $\zeta = 1.0$

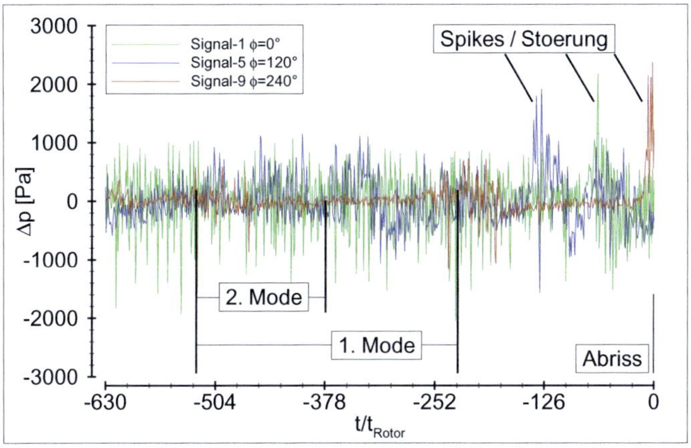

Abbildung 6.35. Zeitverlauf bis Strömungsabriss, VK Rotor - A18-04 Einblasung, $\zeta = 1.0$

In Abbildung 6.36 wird nun der Vergleich zwischen jeweils zwei ausgewählten wandbündigen Mikrofonen vor dem Rotor und hinter dem Stator an der gleichen Umfangsposition ϕ diskutiert. Die Mikrofone vor dem Rotor und hinter dem Stator zeigen einen gegenläufigen Signalverlauf, was auf die Verblockung des Rotors zurückzuführen ist. Dabei staut die Strömung vor dem Rotor auf (positive Signalflanke) und sinkt hinter dem Rotor ab (negative Signalflanke).

Weiterhin lässt der mit den Modalwellen bzw. Spikes verbundene Druckanstieg stromauf des Rotors und Druckabfall stromab des Stators auf eine Entstehung der rotierenden Ablösung innerhalb der Rotorpassage schlussfolgern. Dieses Verhalten kann auch hier für den Referenzfall und bei Einblasung beobachtet werden.

Nach Auftreten der ersten Störung in ME3 wird diese ca. 0.021s später in ME5 registriert. Bei bekanntem Axialabstand der Mikrofone schwimmt die Störung mit einer wandnahen Geschwindigkeit von ca. 12m/s ab. Dies entspricht etwa 28% der Axialgeschwindigkeitskomponente der Rotoranströmung im Mittelschnitt.

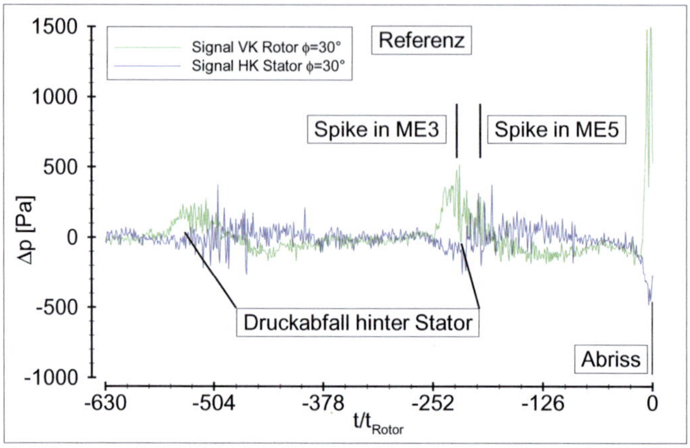

(a) Referenz

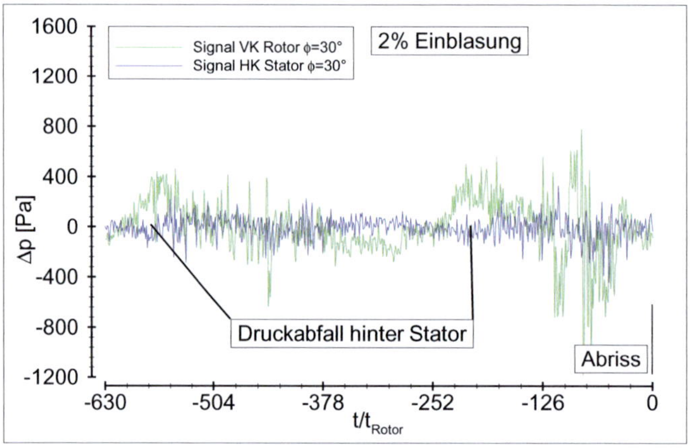

(b) Einblasung

Abbildung 6.36. Zeitverlauf bis Strömungsabriss, Vergleich ME3 und ME5, A18-02, $\zeta = 1.0$

Aus den vorliegenden Ergebnissen der Mikrofonmessungen können folgende Schlussfolgerungen gezogen werden:

- Der fundamentale Mechanismus des Strömungsabrisses des 4.5 stufigen Standardverdichters ist auch im hier untersuchten 1.5 stufigen Aufbau A18 zu finden.
- Die rotierenden Ablösungen entstehen im Rotorgitter.
- Die Einblasung dämpft die dominante Mode 2. Ordnung, welche im NGV Dresden als Vorläufer des Strömungsabrisses in Erscheinung tritt.

Die aus den Strömungsfeldmessungen getroffene Vermutung, dass der Strömungsabriss im Rotorgitter einsetzt, kann somit bestätigt werden.

7. Numerische Untersuchungen

Die Durchführung von CFD Simulationen soll zielführend das Strömungsfeld speziell in der Rotorpassage berechnen. Somit kann ein direkter Vergleich zu den experimentell ermittelten Daten erfolgen. Weiterhin kann die Interaktion zwischen Rotorströmung und Einblasung genauer untersucht werden, da es im Rahmen des Projektes nicht möglich war mit entsprechender Messtechnik Untersuchungen am Prüfstand in diesem Bereich durchzuführen.
Am Institut für Strömungsmechanik wurden numerische Voruntersuchungen zur aktiven Strömungsbeeinflussung durchgeführt. Hier sei auf die Arbeiten von Döscher [17] und Ehrhardt [18] verwiesen. Diese Arbeiten beschäftigten sich mit der prinzipiellen Erstellung von Absaugtopologien. Urban [69] entwickelte eine neue Topologie, welche einen Teil des experimentellen Aufbaues (*flow domain*) der in dieser Arbeit untersuchten Einblaskonfiguration geometrisch genau beschreibt.

7.1. Das Simulationsmodell

Die Topologie und Blockstruktur des Modells mit Einblasung basiert auf der Konfiguration A18-04 mit 20 Injektoren, 2% Einblasrate und vergrößertem Radialspalt über dem Rotor. Die Entscheidung wurde getroffen, da mit diesem experimentellen Verdichteraufbau der größte Gewinn an Betriebsbereich erzielt werden konnte. Das Simulationsmodell besteht aus einer Vorleitschaufel, einer Rotorschaufel mit 5mm Radialspalt, dem Einblaselement und einem Teil des Plenums, mit jeweils periodischen Randbedingungen in Umfangsrichtung. Die Einlaufdüse sowie der Diffusor am Austritt wurden nicht in das Simulationsmodell eingebunden um Rechenzeit zu sparen. Folglich wurden den Modell experimentell ermittelte Randbedingungen an Einlass und Auslass aufgeprägt. Unter Beachtung des Vorleitgitters kann eine konstante drallfreie Zuströmung über dem gesamten Betriebsbereich realisiert werden, was für ein robustes Rechenverhalten sorgt.
In Abbildung 7.1 ist die Topologie des Modells ersichtlich. Es besitzt einen Einlass vor dem Vorleitgitter (Hauptzuströmung) und einen weiteren am Plenum, um unter Verwendung einer Massenstromrandbedingung die Einblasluft (Sekundärluft) zu simulieren. Damit wird auf Grund der Bestimmung der Kennlinie das selbständige Iterieren des sich ändernden Gegendrucks im Plenum erzielt. Die Vernetzung des Plenums erfolgte ohne Wandauflösung. Die Strömung wird hier auf Grund der geringen Geschwindigkeiten ($< 4m/s$) reibungsfrei (Eulerwände) berechnet und dient lediglich zur Ausbildung der Einlaufströmung zum Einblaselement.
Die 3D Netze bestehen aus strukturierten Blöcken und besitzen, bis auf das Plenum, eine hohe Wandauflösung ($y^+ < 1$) um Low-Reynolds Turbulenzmodelle nutzen zu können. Die Verteilung der Netzlinien beträgt 105 in radialer Richtung, von denen 25 im Rotorspalt positioniert sind. Die Gesamtanzahl der Gitterpunkte im Rechennetz beträgt rund $6 \cdot 10^6$ und stellt auf Grundlage der in Abschnitt 7.2 beschriebenen Rechenmethoden ein feines Rechennetz dar. Als Arbeitsmedium wird perfektes Gas verwendet. Alle Wände werden als adiabat betrachtet.

Es konnte nachgewiesen werden, dass die beim Erreichen der Pumpgrenze (*surge line*) auftretenden Verdichterinstabilitäten im Rotor entstehen, siehe Kapitel 6.4. Das Ende des Betriebsbereiches wird folglich durch einen Strömungsabriss im Rotorgitter bestimmt. Dazu wurden numerische Voruntersuchungen zweier Simulationsmodelle mit und ohne Stator (ohne Einblastopologie) durchgeführt. Somit konnte auf das Einbinden des Stators in das Simulationsmodell verzichtet werden, da dieser keinen Einfluss auf das Stabilitätsverhalten des Verdichters hat.

Für die Ankopplung der Einblasgeometrie wurde eine spezielle Blockstruktur entwickelt, welche in den Abbildungen 7.2 und 7.3 gezeigt ist. Zwischen Einblasung und Rotor befindet sich eine Rotor-Stator Schnittstelle (*R/S Interface*), um die Relativbewegung zu simulieren. Der Rotor gleitet sinngemäß mit den blau dargestellten Hilfsblöcken an den Flächen des Einblasblocks (grün) und der Hilfsblöcke (gelb) entlang. Die gelb dargestellten Blöcke werden wiederum benötigt, um exakt die Periodizität bzw. eine Teilung der 20 Einblaselemente zu beschreiben.

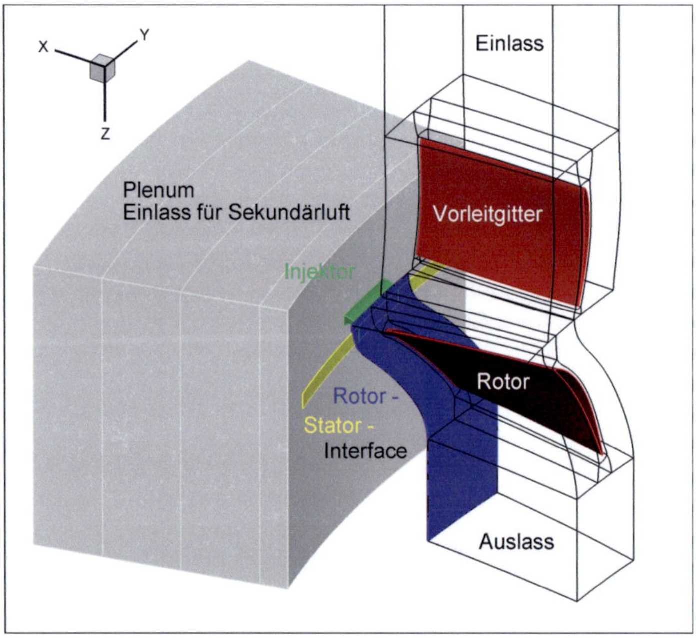

Abbildung 7.1. Blocktopologie und Schnittstelle zur Einblasung

Das Netz wurde unter Zuhilfenahme der Werkzeuge *AutoGrid* und *IGG* des Programmpakets $FINE^{TM}/Turbo$ erstellt. Ferner wurde die Einblasgeometrie über das externe CAD System *Catia* generiert und eingebunden.

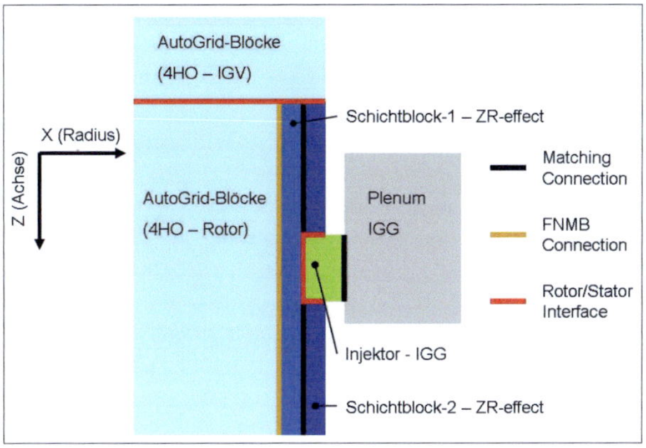

Abbildung 7.2. Schematischer Aufbau der Blocktopologie mit Injektor

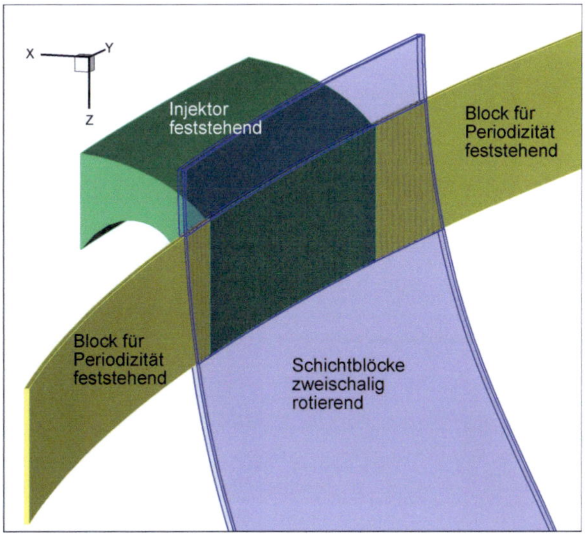

Abbildung 7.3. Blockstruktur der Schnittstelle am Injektor

7.2. Verwendete Rechenmethoden

Ziel der in dieser Arbeit durchgeführten numerischen Berechnungen ist es, den im Experiment erzielten Effekt der Betriebsbereichserweiterung mit CFD Methoden aufzulösen (siehe auch Abschnitt 6.2). Dazu sollten stationäre Rechenmethoden herangezogen werden, um den zeitlichen Aufwand der Kennlinienermittlung gering zu halten. Vorausgehende CFD Simulationen haben gezeigt, dass der lokale Effekt der Einblasung unter Verwendung stationärer Methoden gedämpft und gleichmäßig über dem Umfang verteilt wird. Grund ist die mathematische Modellierung der Rotor/Stator Schnittstelle. Hierbei werden die Daten an der Schnittstelle umfangsgemittelt übergeben, NUMECA [51]. Unter diesen Voraussetzungen können die Strömungphänomene, welche zu einer Betriebsbereichsweiterung führen, nicht erfasst werden. Somit fiel die Wahl auf die Anwendung instationärer Rechenmethoden. An dieser Stelle sei auf die Beschreibung der Methoden in Abschnitt 3.7 hingewiesen.
Die Verwendung der Domain-Scaling Methode hätte eine nicht vertretbare Skalierung des Teilungsverhältnisses zwischen Rotoranzahl und Einblaselemente des vorgestellten Simulationsmodells zur Folge gehabt, da sie gleiche Periodizitäten der Netze in Umfangsrichtung fordert. Ferner wäre die Rechenzeit mit einem Monat pro Betriebspunkt für das in dieser Arbeit verwendete Netz völlig inakzeptabel. Das einzig verfügbare und den Anforderungen gerecht werdende Berechnungsverfahren ist die NLH Methode. Damit konnte die Geometrie des vernetzten Kreissegments exakt nachgebildet und die zwischen Relativ- und Absolutsystem auftretenden Frequenzen realistisch berechnet werden, siehe Abbildung 7.1. Weiterhin wurde jede der durch die unterschiedlichen Schaufelanzahlen sowie Injektoren hervorgerufenen periodischen Störungen mit zwei Harmonischen der Blattfolgefrequenz aufgelöst.

Zu Beginn des Projektes war diese Methode lediglich im kommerziellen Strömungslöser *Euranus* der Firma *NUMECA International* eingebunden, weshalb dieses Programmpaket verwendet wurde. Eine Einschränkung musste auf Grund des Entwicklungsstandes der Software im Jahr 2010 in Kauf genommen werden. Bei Verwendung der NLH-Methode sind nur zwei Turbulenzmodelle wählbar. Einerseits das 0-Gleichungsmodell von Baldwin Lomax und andererseits das 1-Gleichungsmodell von Spalart-Allmaras. Da dem algebraischen Modell von Baldwin Lomax die Transportgleichungen für die turbulenten Größen fehlen, besteht keine Möglichkeit den Transport und die Diffusion turbulenter Größen zu beschreiben, Hildebrandt [30]. Aus diesem Grund wurden alle Simulationen mit dem Spalart-Allmaras-Modell durchgeführt, da es für die Lösung des beschriebenen Strömungsproblems die angepasstere Variante darstellt. Einzelheiten zum Turbulenzmodell sind in Abschnitt 3.6 dargelegt.

7.3. Numerische Ermittlung von Kennlinien

Die Ermittlung der Kennlinien wurde instationär mit dem Ansatz der nicht-linearen Harmonischen unter Verwendung von acht parallel betriebenen Prozessoren auf den Hochleistungsrechnern des ZIH Dresden und auf institutseigenen Rechenclustern durchgeführt.
Für die Bestimmung eines jeden Betriebspunktes wurde am Einlass der Totaldruck und am Auslass der statische Druck (*total to static*) vorgegeben. Begonnen wurde mit einer stationären Lösung nahe des Auslegungspunktes. Diese Lösung wurde lediglich als Startlösung der NLH-Berechnung genutzt. Unter Verwendung eines Gradientenverfahrens wurde der Gegendruck am Auslass zunächst in 100Pa Schritten erhöht, um die Kennlinienermittlung im gering belasteten Bereich zeitlich zu beschleunigen. In der Nähe der Stabilitätsgrenze wurde die Schrittweite zur exakteren Auflösung des Betriebsbereichs von über 50Pa auf 20Pa verringert.

Als Startlösung eines folgenden Betriebspunktes wurde die konvergierte Lösung des vorangegangenen Betriebspunktes verwendet.
Der letzte stabile Betriebspunkt wurde dann festgelegt, wenn die Residuen der Folgerechnung nicht mehr gradientenfrei konvergierten, das heißt, wenn die Residuen und Flüsse instabil wurden und nicht mehr im Gleichgewicht standen. Solch ein Konvergenzverhalten weist auf einen instabilen Zustand im Strömungsfeld hin und signalisiert das Ende des Betriebsbereiches. Weiterhin wurde der Wirkungsgrad als Abbruchkriterium genutzt, da er mit der beschriebenen Konvergenz korreliert. Fällt der Wirkungsgrad der folgenden Rechnung zu stark ab, deutet dies ebenfalls auf das Überschreiten der Stabilitätsgrenze hin. Diese Vorgehensweise konnte in numerischen Vorstudien, welche am Lehrstuhl für Turbomaschinen und Strahlantriebe durchgeführt wurden, an ähnlichen Simulationsmodellen bestätigt werden.

7.4. Ergebnisse

Die Kennlinien wurden unter Verwendung von Rechennetzen mit geringerer Auflösung ermittelt. Im Vergleich zu den in Abschnitt 7.1 erwähnten Eigenschaften besitzen diese Netze eine Knotenanzahl von rund $1 \cdot 10^6$. Der Grund war die Einsparung von Rechenzeit ohne jedoch die Fähigkeit zu verlieren, die betriebserweiternden Effekte zu erfassen. Die Anforderung an die Netzdichte bezüglich der NLH Methode wurde eingehalten. Das Ergebnis der ermittelten Kennlinien ist in Abbildung 7.4 dargestellt und zeigt das verbesserte Stabilitätsverhalten mit Einblasung sowohl für die experimentellen Ergebnisse als auch für die rechnerisch ermittelten Vorhersagen. Dabei ist π das Totaldruckverhältnis über der Stufe, ξ der auf den Auslegungsmassenstrom ($\dot{m}_{DP} = 25.35 kg/s$) bezogene Durchsatzkoeffizient und $\eta_{(M)}$ der Wirkungsgrad.
Ein genauer Vergleich der Absolutwerte der experimentell ermittelten und aus den CFD Rechnungen bestimmten Wirkungsgrade und Druckverhältnisse kann hier nicht erfolgen, da das Statorgitter im Simulationsmodell nicht betrachtet wurde. Somit würden unter Beachtung des Totaldruckverlustes des Statorgitters die absoluten Wirkungsgrade und Druckverhältnisse der CFD Vorhersagen tendenziell unterhalb denen der in den Abbildung 7.4(a) und 7.4(b) dargestellten CFD Werte liegen.

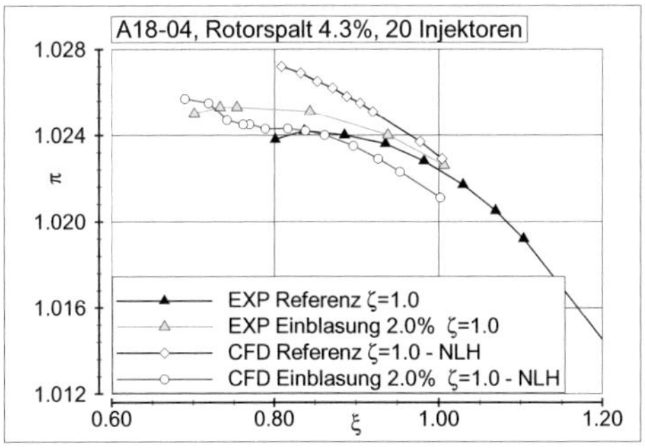

(a) Verlauf des Druckaufbaus

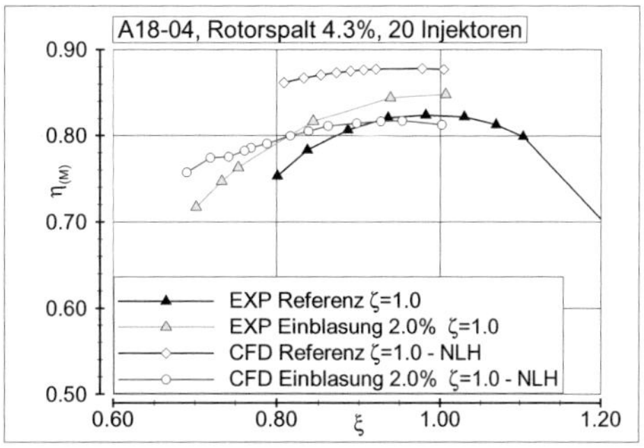

(b) Verlauf des Wirkungsgrades

Abbildung 7.4. Experimentell ermittelte und berechnete Kennlinien - A18-04

Jedoch kann in Hinblick auf die dargelegten Limitierungen ein Vergleich der Betriebsbereiche zwischen Experiment und den CFD Vorhersagen erfolgen.

In den Simulationen wird im Vergleich zu den erfolgreich durchgeführten Experimenten eine ähnliche Betriebsbereichserweiterung erreicht. Bezogen auf den absoluten Massenstrom des Verdichters wird der letzte stabile Betriebspunkt mit lediglich 1.7% leicht überschätzt. Diese Differenz kann in Hinblick auf das in Abschnitt 7.3 beschriebene Gradientenverfahren zur Ermittlung der Kennlinien vernachlässigt werden. Die Reduzierung des absoluten Massenstroms liegt bei 14.5% relativ zum Referenzmodell bezogen auf den letzten stabilen Betriebspunkt. Der Verlauf des Druckverhältnisses des CFD Referenzmodells wird relativ zum CFD Einblasmodell überschätzt, was ebenfalls zu tendenziell höheren Wirkungsgraden führt. Grund für dieses zum Experiment abweichende Verhalten ist die Modifikation der Netztopologie des CFD Referenzmodells zum Einblasmodell.

Im Experiment wurde bei den Referenzmessungen lediglich der Einblasmassenstrom abgestellt, was in den Simulationen mit der in Abbildung 7.1 vorgestellten Blocktopologie nicht möglich war. Das Abschalten des Einblasmassenstroms führte zur Divergenz der Rechnung. Somit wurde die Topologie des CFD Referenzmodells vereinfacht und lauffähig gemacht, indem die in Abbildung 7.3 dargestellte Blockstruktur entfernt und durch ein ähnliche Blockstruktur mit einer rotationssymmetrischen Gehäusewand aufgefüllt wurde. Diese geringfügige Modifikation hat einen vernachlässigbaren Effekt auf die Ausbildung der wandnahen Strömung im Rotorgitter und bleibt somit vergleichbar zum CFD Einblasmodell.

Abbildung 7.5 zeigt die zweidimensionale Verteilung der Axialgeschwindigkeit stromauf des Rotors im Vergleich zwischen Experiment und dem Simulationsmodell. Die axiale Position entspricht dabei genau der im Experiment durchgeführten Hitzdrahtmessungen, siehe Abschnitt 6.1.2.

Die Zeitskala ist auf die Periodendauer einer Rotorschaufelwiederholung bezogen. Das berechnete Strömungsfeld ist qualitativ mit den experimentellen Daten vergleichbar. Die maximale Geschwindigkeit des Einblasstrahls wird 18% überschätzt und liegt etwas näher an der Gehäusewand. Das Maximum wird in der Simulation bei 99.4% Kanalhöhe erreicht. Die periodischen Störungen auf Grund des Potentialeffekts des Rotors werden in guter Übereinstimmung zum Experiment wiedergegeben und der globale Charakter der Strömung vorhergesagt.

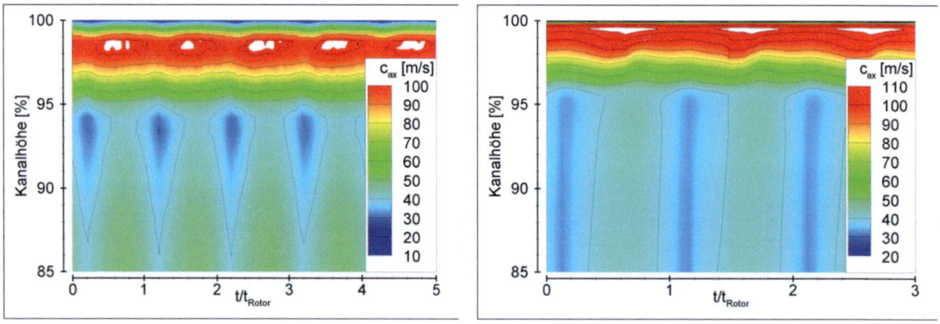

(a) Experiment (b) CFD

Abbildung 7.5. Zeitaufgelöste Konturdarstellung der Axialgeschwindigkeit stromauf des Rotors, DP

Ein zylindrischer Schnitt in der Mitte des Radialspaltes über dem Rotor zeigt die Stromlinien als Momentaufnahme basierend auf der Relativgeschwindigkeit und die Ausbildung des Radialspaltwirbels zu einem festgelegten Zeitpunkt. Am Referenzmodell ist die periodische Ausbildung des Spaltwirbels ersichtlich, welche für jede angrenzende Schaufel identisch ist, Abbildung 7.6.
Dieses Verhalten ändert sich drastisch bei Einblasung. Das Strömungsfeld und die Ausbildung des Spaltwirbels wird periodisch gestört und geschwächt. Während eine bestimmte Rotorschaufel einen Injektor im Absolutsystem passiert, wird der Spaltwirbel infolge des Einblasimpulses in axiale Richtung gedrückt. Dies führt dazu, dass der Wirbel frühzeitig die Rotorpassage verlässt, ehe er auf die folgende Rotorschaufel trifft, Abbildung 7.7.
Dieser Einfluss ist mit der in Kapitel 6.4 diskutierten Dämpfung der Modalwellen gekoppelt und führt zu einer Reduzierung der globalen Verluste und dem Effekt der verbesserten Stabilität des Verdichters und somit zu einer Betriebsbereichserweiterung.

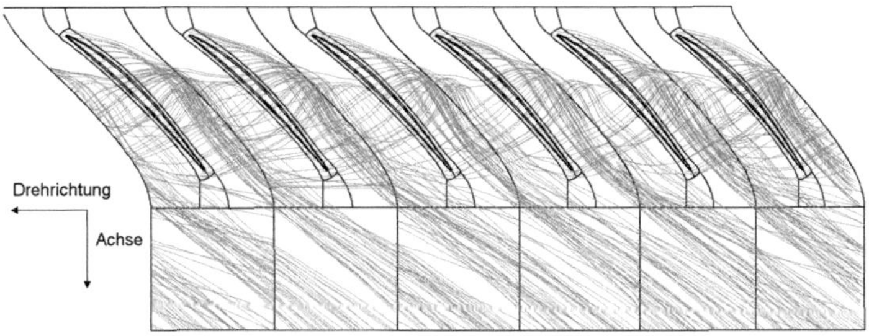

Abbildung 7.6. Ausbildung des Spaltwirbels - A18-04 Referenz, $\zeta = 1.0$, $\xi = 0.922$

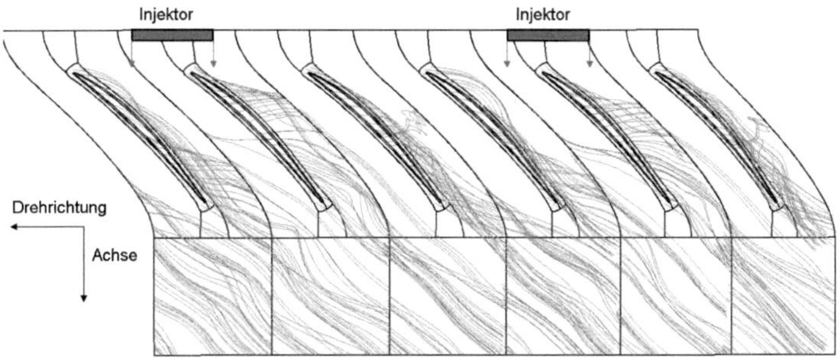

Abbildung 7.7. Ausbildung des Spaltwirbels - A18-04 Einblasung 2%, $\zeta = 1.0$, $\xi = 0.922$

In Abschnitt 6.3 wird die aerodynamische Belastung der Beschaufelung für die Konfiguration A18-01 bei nominaler Weite des Radialspalts an Hand experimenteller Ergebnisse diskutiert. Auf Grundlage der zur Verfügung stehenden numerischen Ergebnisse kann dies nun analog für die in Abbildung 7.8 gezeigte Schaufelbelastung mit und ohne Einblasung bei großem Radialspalt für die Konfiguration A18-04 geschehen.

Zur Bestimmung der Diffusionszahlen wurde die in Kapitel 6.3 (Seite 79) dargelegte Gleichung verwendet. Die teilungsgemittelten Verläufe über der Schaufelhöhe basieren auf den zeitlich gemittelten Werten der instationär berechneten Daten. Somit kann eine Aussage über die aerodynamische Belastung der Beschaufelung und speziell hier für den Rotor getroffen werden.
Im Auslegungspunkt werden bei ca. 95% Kanalhöhe maximale Werte von 0.63 erreicht. Beim Androsseln des Verdichters steigt die Belastung in diesem Bereich beträchtlich auf Diffusionszahlen von 0.76 an, während zwischen Nabe und 80% Kanalhöhe nur ein leichter Anstieg zu verzeichnen ist. Wird nun eingeblasen, sinkt die Belastung im Außenbereich des Rotors stark ab und erreicht ähnliche Werte wie im Mittelschnitt. Im erweiterten Betriebsbereich ist die deutliche, aber erträgliche Mehrbelastung des Rotors zwischen Nabe und 90% Kanalhöhe erkennbar. Die aerodynamische Belastung im Außenschnitt der Schaufel steigt vergleichsweise gering an. Die kritische Schaufelbelastung an der Stabilitätsgrenze des Verdichters tritt bei Einblasung erst bei geringeren Durchsätzen auf.

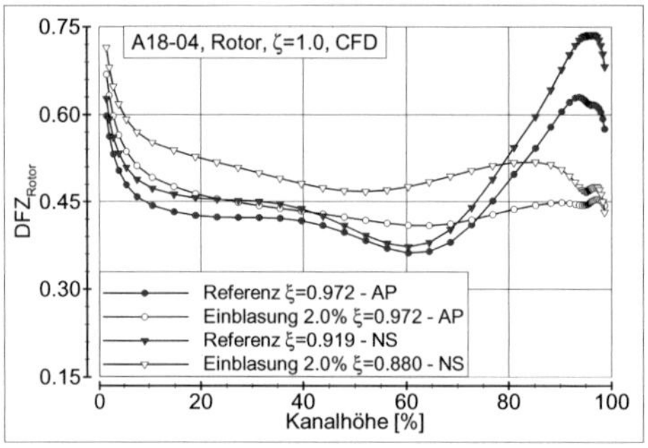

Abbildung 7.8. Schaufelbelastung mit und ohne Einblasung

Das Einblasen von Luft führt zur Verringerung der Inzidenz im Blattspitzenbereich und demzufolge zur aerodynamischen Entlastung des Rotorgitters. Dieses Verhalten kann sowohl in den Simulationen als auch im Experiment gezeigt werden, vergleiche hierzu Kapitel 6.3.
Im Vergleich zu den Ergebnissen von Suder et al. [66] reißt die Strömung bei großem Radialspalt bei geringerer Belastung im Blattspitzenbereich und bei nominalem Spalt bei größerer Belastung ab. Diese Betrachtung bezieht sich jeweils auf die Referenz ohne Einblasung.

Die Bestimmung der Verluste auf Stromlinien wurde analog zu den experimentellen Untersuchungen mit dem in Anhang A.2 beschriebenen Algorithums durchgeführt. Die so ermittelten Ergebnisse aus der zeitgemittelten Lösung der CFD Rechnungen ist in Abbildung 7.9 dargestellt. Für die Referenz ist festzustellen, dass auf Grund des vergrößerten Radialspalts der Konfiguration A18-04 die Verluste ab ca. 70% Kanalhöhe bis hin zum Gehäuse stark ansteigen. Mit Einblasung können die Verluste deutlich gesenkt werden. Zwischen Nabe und Mittelschnitt ändert sich die Verlustverteilung bei einsetzender Einblasung kaum. Im Gehäusebereich wird durch die starke Energetisierung des Einblasstrahls eine signifikante Verlustreduzierung erreicht, welche im Auslegungspunkt bis 75% Kanalhöhe reicht. Lediglich nahe der Stabilitätsgrenze im erweiterten Betriebsbereich treten im Bereich zwischen 50% und 80% Kanalhöhe höhere Verlustwerte auf. Die globalen Verlustbeiwerte liegen mit Einblasung deutlich unterhalb denen der Referenz.

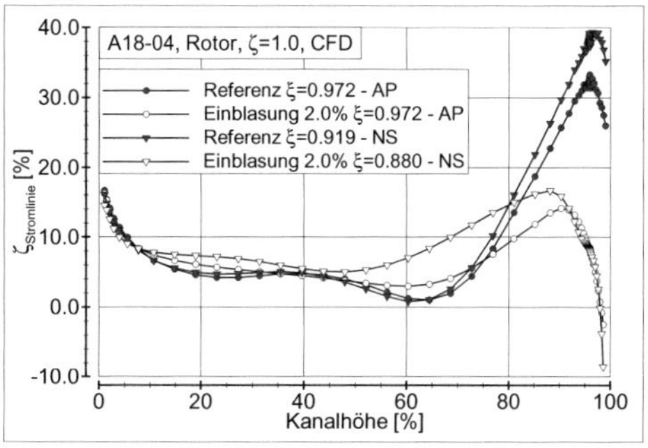

Abbildung 7.9. Verluste auf Stromlinien mit und ohne Einblasung

Zusammenfassend ist für die Betrachtung der Verluste festzuhalten, dass die globalen Verluste in den berechneten Betriebspunkten mit Hilfe der Einblasung gesenkt werden können. Diese Ergebnisse stehen in Übereinstimmung mit den in Kapitel 6.2 dargelegten experimentellen Ergebnissen in den Darstellungen der aus den Kennfeldmessungen ermittelten Wirkungsgrade.

7.5. Frequenzanalyse

Zur Überprüfung der korrekt abgebildeten Periodizitäten des Simulationsmodells und der berechneten Frequenzen wurden die absoluten Zeitreihen der einzelnen Lösungsschritte bestimmt und näher untersucht. Die Frequenzanalyse erfolgte unter Verwendung einer Fouriertransformation. In Abbildung 7.10 sind die Frequenz Spektren des Referenzmodells dargestellt.

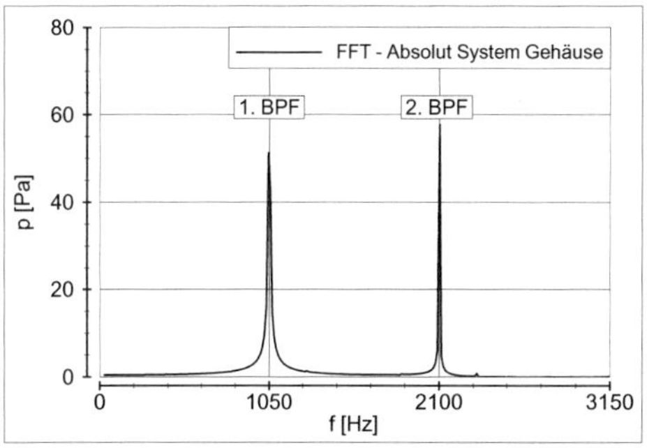

(a) Stehendes Absolutsystem

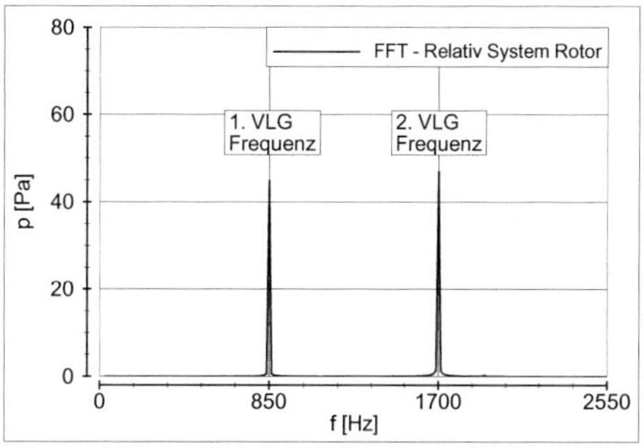

(b) Rotierendes Relativsystem

Abbildung 7.10. Frequenzspektren - Referenzmodell

Die Darstellung in Abbildung 7.10(a) basiert auf dem Zeitverlauf des statischen Drucks an der Innenwand des Gehäuses und entspricht somit der Position eines bestimmten Mikrofons der experimentell ermittelten Daten, siehe Kapitel 6.4. In Abbildung 7.10(b) befindet sich der Betrachter an der äußeren Blattspitze einer Rotorschaufel und bewegt sich mit dem rotierenden Relativsystem.

Im Absolutsystem sind die Amplituden des statischen Drucks der ersten und der zweiten Harmonischen der Blattfolgefrequenz (BPF) bei 1050Hz und 2100Hz zu erkennen. Das mitbewegte System zeigt die periodische Störung des Vorleitgitters auf den Rotor.

Analog wurden mit dem gleichen Algorithmus die Frequenzspektren des Einblasmodells bestimmt, Abbildung 7.11. Befindet sich der Beobachter im Absolutsystem am Inneren der Gehäusewand, sind ebenfalls exakt die zwei rechnerisch aufgelösten Harmonischen der Blattfolgefrequenz ersichtlich. Beim Wechsel des Bezugssystems treten nun zwei weitere Amplituden bei 333.3Hz und 666.6Hz auf. Diese werden durch die im Gehäuse integrierten Injektoren hervorgerufen und spiegeln die Injektorwiederholfrequenz wider. Im Vergleich zum Referenzmodell treten hier zwei periodische Störungen auf, was genau dem instationären Charakter des Strömungsfeldes am Prüfstand entspricht.

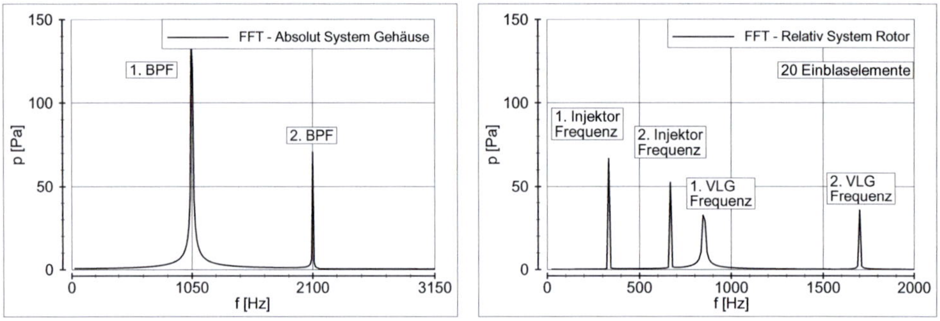

(a) Stehendes Absolutsystem (b) Rotierendes Relativsystem

Abbildung 7.11. Frequenzspektren - Einblasmodell

In Abbildung 7.12 ist beispielhaft der Vergleich der experimentell und rechnerisch bestimmten Zeitverläufe des statischen Druckes an der inneren Gehäusewand über vier Rotorschaufelwiederholungen dargestellt. Es ist festzustellen, dass am Prüfstand die ersten zwei Harmonischen der Blattfolgefrequenz den größten Einfluss besitzen und auch mit der CFD aufgelöst werden können. Somit ist die Wahl der bei den Rechnungen getroffenen Auflösung der verwendeten Harmonischen ausreichend genau.

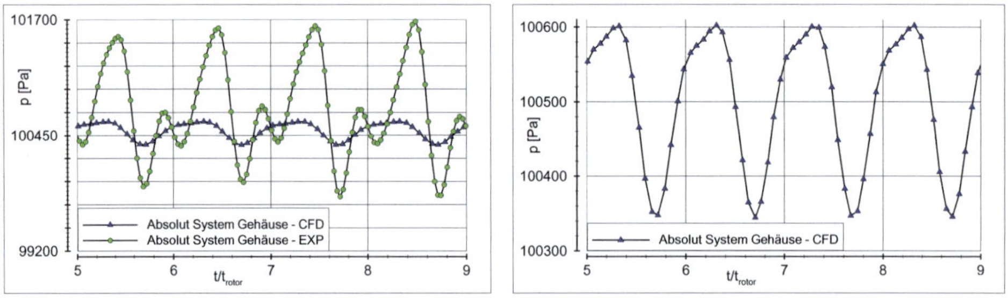

(a) Vergleich (b) CFD - vergrößert

Abbildung 7.12. Vergleich der Zeitverläufe, A18-04, Referenz, AP

Die zweite Harmonische der CFD Berechung ist im Vergleich zum Experiment nicht so stark ausgeprägt. Die Schwankungsbreite der Amplituden ist im Experiment größer. Dies konnte im Rahmen dieser Untersuchungen nicht vollständig geklärt werden. Es wird vermutet, dass dies auf die Auflösung der Berechnung von nur zwei Harmonischen bezüglich der NLH Methode zurückzuführen ist. Zukünftige numerische Untersuchungen mit drei Harmonischen können hier mehr Aufschluss geben und zur Lösung des Problems beitragen.

7.6. Parameterstudie

Bei der Entwicklung der Aufgabenstellung in Abschnitt 2.3 wurden Parameter genannt, welche einen entscheidenden Einfluss auf die Erweiterung des Betriebsbereiches haben. Diese sind die Anzahl der aktiven Injektoren, der Impulseintrag bzw. die Menge der eingeblasenen Luft sowie der absolute Deckungsumfang aller Einblasschlitze. Ein weiterer wichtiger Parameter in Hinblick auf ein Gesamtsystem mit aktiver Strömungsbeeinflussung ist der axiale Abstand bzw. die Relativposition der Injektoren zum Rotorgitter. In der Literatur sind derzeit keine experimentellen Untersuchungen zu diesem Thema zu finden.

Die Variation des Axialabstandes konnte aus technischen Gründen nicht am Prüfstand untersucht werden. In Abschnitt 7.4 wurde bestätigt, dass das vorgestellte Simulationsmodell verlässliche Vorhersagen treffen kann und in der Lage ist, das Strömungsfeld in guter Übereinstimmung zum Experiment wiederzugeben. Auf Grund der hinreichenden Genauigkeit wurden die Untersuchungen mit Hilfe der CFD durchgeführt. Dazu kamen zwei zusätzlich erstellte Rechennetze zum Einsatz, bei denen der Axialabstand der Einblaselemente laut Tabelle 7.1 variiert wurde. Der totale Abstand misst die axiale Differenz zwischen Rotorblattspitze im Außenschnitt und dem tangentialen Auslauf der elliptischen Kontur des Injektors an der inneren Gehäusewand. Die prozentualen Angaben beziehen sich auf die Rotorsehnenlänge im Außenschnitt.

Die Wahl der getroffenen Abstände wurde aus den geometrischen Verhältnissen des NGV und somit aus einer realen Hochdruckstufe eines Flugtriebwerks abgeleitet. Der mittlere Axialabstand zwischen Statorhinterkante und Rotorvorderkante beträgt rund 30%, bezogen auf die Rotorsehnenlänge im Mittelschnitt. Somit wurde die Variation in einem Bereich durchgeführt, der den Gegebenheiten eines Triebwerks entspricht. Ziel ist es, den Axialabstand der Injektoren und der Schaufelgitter zueinander so gering wie möglich zu halten, um die Gesamtlänge der Maschine zu minimieren.

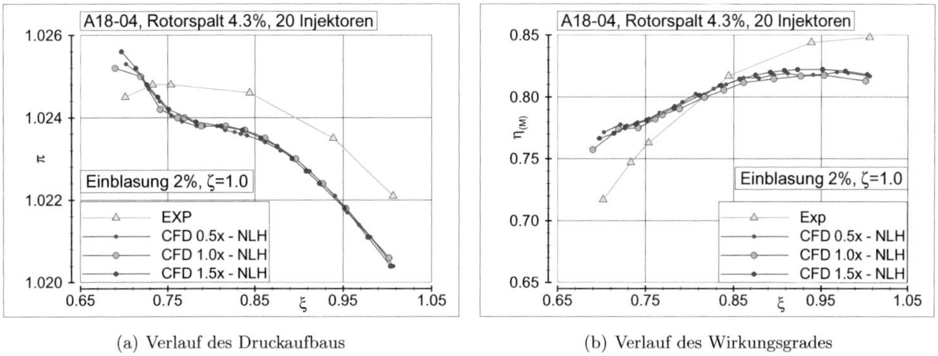

(a) Verlauf des Druckaufbaus (b) Verlauf des Wirkungsgrades

Abbildung 7.13. Berechnete Kennlinien bei Variation des Axialabstandes

Im Vordergrund der Untersuchung stand die Bestimmung der Kennlinien. Dabei wurde nach der in Abschnitt 7.3 beschriebenen Herangehensweise verfahren. In Abbildung 7.13 sind die Verläufe der Druckverhältnisse und Wirkungsgrade dargestellt. Ein exakter Vergleich der Effektivität und des Druckaufbaus zwischen Experiment und Rechnung kann hier nicht erfolgen, da das Statorgitter im Simulationsmodell nicht betrachtet wurde.
Für alle drei CFD Rechnungen konnte eine nahezu identische Betriebsbereichserweiterung im Vergleich zum Experiment ermittelt werden. Somit reagiert das System insensitiv gegenüber der Änderung des Parameters. Aus diesem Ergebnis kann man ableiten, dass die Position des Injektors bei dieser Konfiguration des Verdichters zwischen 4.7% und 14.2% Axialabstand frei wählbar ist. Die minimalen Unterschiede bei der Vorhersage des letzten stabilen Betriebspunktes der numerisch ermittelten Kennlinien sind auf die zwangsläufige Änderung der Rechennetze zurückzuführen.

Eine ähnliche und aktuelle numerische Untersuchung wurde von Cassina et al. [10] durchgeführt. Der Axialabstand des Injektors wurde in drei Schrittweiten zwischen 50%, 100% und 150% der Rotorsehne stromauf der Rotorvorderkante gewählt und wäre bei einer praktischen Umsetzung nur auf die erste Stufe des Niederdruckverdichters eines Triebwerks übertragbar. Das Ergebnis lässt sich dennoch mit der in dieser Arbeit durchgeführten Parameterstudie vergleichen, da der Abstand ebenfalls keinen wesentlichen Einfluss auf die Verschiebung der Stabilitätsgrenze aufweist.

Tabelle 7.1. Variation des Axialabstandes

Konfiguration A18-04	Variation Axialabstand	Abstand total	Abstand [%] Rotorsehne
CFD 0.5x - NLH	verkleinert	5.5mm	4.7
CFD 1.0x - NLH	nominal	11.0mm	9.5
CFD 1.5x - NLH	vergrößert	16.5mm	14.2

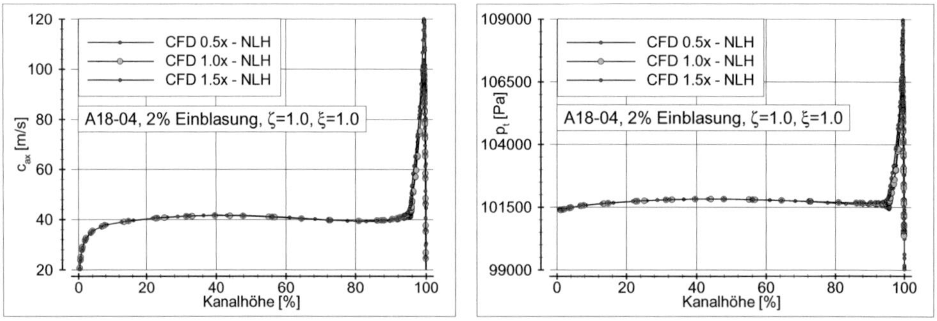

(a) Verteilung der Axialgeschwindigkeit (b) Verteilung des Totaldrucks

Abbildung 7.14. Zuströmung Rotor, Variation des Axialabstandes, AP

Abbildung 7.14 zeigt die Zuströmung in einer Achsnormalebene 6mm stromauf der Rotorvorderkante. Exemplarisch werden hier die Verteilungen der Axialgeschwindigkeit und des Totaldrucks im Auslegungspunkt als Momentaufnahme eines festgelegten Zeitpunktes dargestellt.

Bei verkleinertem Axialabstand ist die Tendenz zu erkennen, dass der Impuls des eingeblasenen Massenstroms etwas deutlicher ausgeprägt ist. Je weiter der Injektor stromauf geschoben wird, desto geringer wird der Impulseintrag unmittelbar vor der Rotorblattspitze. Dies ist auf die Dissipation des Freistrahls im Hauptströmungskanal zurückzuführen.
Weiterhin ist die Breite bzw. die radiale Ausbreitung des Strahls in allen drei Fällen identisch. Die Variation der Axialposition der Injektoren hat nahezu keinen Einfluß auf die Hauptströmung des Verdichters zwischen Nabe und 96% Kanalhöhe. In vorangegangenen Arbeiten konnte bei Verwendung einer anderen Beschaufelung aber gleicher Injektoren keine Betriebsbereichserweiterung etabliert werden. Der Grund war die extreme Verlängerung der Rotorsehne stromauf im Außenschnitt der Schaufel, welche den Einblasstrahl und den zu erzielenden Coanda-Effekt störten. Die Rotorblattspitze ragt hier ca. 4mm in den tangentialen Auslauf der elliptischen Kontur des Injektors hinein und verhindert die Ausbildung des Coanda-Strahls. Somit darf der hier untersuchte Coanda-Injektor nicht zu nah an der Rotorblattspitze positioniert werden. Das Beispiel des Verdichters ohne verbessertem Stabilitätsverhalten ist in Abbildung 7.15 schematisch dargestellt.

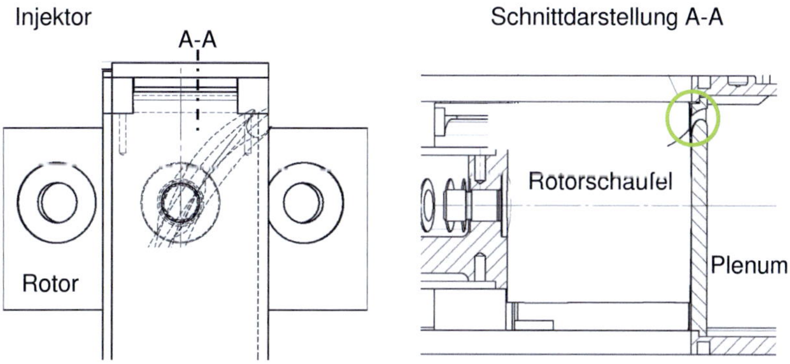

Abbildung 7.15. Meridionalschnitt - falsch positionierter Coanda-Injektor

7.7. Numerische Genauigkeit

Die numerischen Rechnungen wurden als konvergent erachtet, wenn die globalen Residuen, Flüsse und Drücke einen stabilen und gradientenfreien Konvergenzverlauf zeigten. Weiterhin wurde darauf geachtet, dass die Abweichung des Massenstroms zwischen Ein- und Austritt (Massenstrombilanz) kleiner als 0.02% ist und der Verlauf einen Gleichgewichtszustand erreichte.
Die Diskretisierung der Rechennetze erfolgte nach den in Abschnitt 3.9 dargelegten Ansätzen.

8. Zusammenfassung und Ausblick

Das Hauptziel dieser Arbeit ist die Erweiterung des Betriebsbereiches eines einstufigen Verdichters mit konventioneller Beschaufelung durch den Einsatz der aktiven Strömungskontrolle. Drei wesentliche Parameter wurden am Prüfstand untersucht. Es wurden die Anzahl der Injektoren, die Einblasrate und die Radialspaltweite über dem Rotorgitter variiert. Diese Untersuchungen bedingen den Einsatz eines Sekundärluftsystems, über welches der Verdichter mit zusätzlicher Luft gespeist werden kann, da der Druckaufbau des Versuchsverdichters zu gering ist, um eine Rezirkulation vom Verdichteraustritt zum Verdichtereintritt zu bewerkstelligen. Eine derartige Sekundärluftanlage wurde im Rahmen eines vorangegangenen Projektes konstruiert und gefertigt. Somit konnte ein flexibles und multifunktionelles System am Verdichterprüfstand ergänzt werden. Die Technik ist flexibel einsetzbar und besitzt die Fähigkeit Einblas- und Absaugtechnologien oder eine Kombination aus beiden Techniken in maximal vier Stufen zu untersuchen. Weiterhin wurden Injektoren entwickelt, welche die Ausbildung des Coanda-Effekts ermöglichen und sich einfach im Gehäuse des Verdichters integrieren lassen (*retrofit solution*). Parallel zu den durchgeführten Experimenten wurden numerische Berechnungen durchgeführt, um die Effekte der Einblasung validieren zu können und ferner die Zugänglichkeit zu detaillierten Informationen des Strömungsfeldes speziell in der Rotorpassage zu ermöglichen.

Die Experimente und CFD Simulationen haben gezeigt, dass eine Erweiterung des Betriebsbereiches und somit ein verbessertes Stabilitätsverhalten des Verdichters durch das Einblasen von Luft stromauf eines blattspitzenkritischen Rotors erreicht werden kann. Zusätzlich konnte die Wirkungsgradcharakteristik bei 80% und 100% der Auslegungsdrehzahl über dem Betriebsbereich verbessert werden. Die größten Gewinne wurden bei den Konfigurationen mit erweitertem Radialspalt erzielt. Diese Ergebnisse repräsentieren ein nutzbares Potential für die Industrie und können beispielsweise bei der Auslegung effizienterer Gasturbinen zur Einsparung von fossilen Brennstoffen beitragen.

Das Stabilitätsverhalten des Verdichters, vor allem beim Überschreiten der Stabilitätsgrenze, wurde mit zeitauflösender Messtechnik bestimmt. Dabei konnte nachgewiesen werden, dass der gleiche fundamentale Mechanismus des Ablösebeginns (*stall inception*) des hier untersuchten 1.5 stufigen Verdichters auch im 4.5 stufigen Standard-Aufbau auftritt. Dieses Verhalten mit Einblasung ist vergleichbar mit dem der Referenz ohne Einblasung. Das Resultat der Einblasung ist weiterhin die Dämpfung der dominanten Modalwelle 2. Ordnung, welche als Vorläufer der rotierenden Ablösung im NGV Dresden bekannt ist.

Die numerischen Ergebnisse zeigen, dass die Entwicklung des Radialspaltwirbels durch die Einblasung stark beeinflusst wird. Die globalen Verluste im Strömungsfeld werden gesenkt und der Arbeitsbereich des Verdichters erweitert. Der letzte stabile Betriebspunkt kann als Ergebnis des erweiterten Betriebsbereiches zu geringeren totalen Massenströmen verschoben werden, da der Ablösebeginn bei einer höheren aerodynamischen Belastung der Beschaufelung einsetzt.

Für die untersuchten Verdichterkonfigurationen lassen sich folgende fundamentale Schlüsse ziehen:

- Das Einblasen reduziert die Inzidenz und folglich die aerodynamische Belastung der Rotorschaufeln im Blattspitzenbereich. Dies gilt für beide untersuchte Radialspaltweiten. Innerhalb des erweiterten Betriebsbereiches steigt die Schaufelbelastung in einem großen Bereich über der Schaufelhöhe an. Der Verdichter arbeitet dennoch in einem stabilen Betriebspunkt, welcher im nominalen Arbeitsbereich ohne Einblasung nicht zu erreichen wäre.
- Die Betriebsbereichserweiterung ist proportional zum Anstieg des Impulsverhältnisses zwischen Einblasstrahl und der Hauptströmung des Verdichters im Blattspitzenbereich und dem absoluten Deckungsumfang aller Einblasschlitze über dem Verdichterumfang (vergleiche Suder et al. [66]).
- Die Vergrößerung des Radialspaltes über dem Rotorgitter führt zu einer Erhöhung der globalen Verluste. Mit der Einblasung kann bei der Konfiguration mit großem Spalt ein deutlicher Wirkungsgradgewinn erzielt werden.
- Der Radialspaltwirbel wird durch das Einblasen periodisch beeinflusst. Dieser Effekt trägt ebenfalls zum Dämpfen der dominanten Modalwelle 2. Ordnung bei und führt zu einem verbesserten Stabilitätsverhalten des Verdichters.

Aus vorangegangenen Studien kann eine zusätzliche Erkenntnis gewonnen werden: Der Mechanismus der Einblasung hängt nicht nur von den genannten drei wesentlichen Parametern ab, sondern auch vom Axialabstand zwischen Einblasschlitz und der Rotorblattspitze im Außenschnitt. Die hier verwendeten Coanda-Injektoren müssen einen Mindestabstand zur Rotorvorderkante haben, damit sich der Einblasstrahl unter den geometrischen Bedingungen im Hauptströmungskanal ausbilden kann. Das Überlappen der elliptisch auslaufenden Kontur am Inneren der Gehäusewand und der Rotorschaufel führt zum Abheben des Strahls von der Wand und damit zur Fehlfunktion, da der gerichtete Impulseintrag nicht mehr gewährleistet ist. Infolge eines erhöhten radialen Impulseintrags in die Maschine kann das Rotorgitter überlastet werden, was zu einem frühzeitigen Strömungsabriss des Verdichters führen kann. Somit muss eine minimale Anlauflänge des Einblasstrahls entlang der inneren Gehäusewand gewahrt werden.

Aus diesem Grund wurde im Rahmen dieser Arbeit eine numerische Parameterstudie durchgeführt, in welcher der Axialabstand zwischen Rotorgitter und Injektor variiert wurde. Die gewählten Abstände liegen bei Wahrung eines festgelegten Mindestabstandes von 5mm zur Rotorblattspitze in einem Bereich, der üblichen Gitterabständen zwischen Rotorschaufel und Statorschaufel entspricht. Die Ergebnisse zeigen, dass die Position der eingesetzten Coanda-Injektoren in dem hier untersuchten Bereich frei wählbar ist. Die Gesamtkonzeption des Versuchsverdichters stellt somit ein robustes Design dar und sollte bei der Übertragbarkeit auf eine reale Maschine Beachtung finden. Der genaue Mindestabstand kann an Hand dieser CFD Studie nicht angegeben werden und bleibt zukünftigen Analysen vorbehalten. Dies gilt ebenfalls für experimentelle Untersuchungen, welche aus technischen Gründen nicht am Prüfstand durchgeführt werden konnten.

Folgende Richtlinie kann aus den bekannten Daten der Literatur sowie auf Grundlage der vorgestellten Erkenntnisse für zukünftige Auslegungsprozesse abgeleitet werden:

- Das Verhältnis zwischen der Anzahl der Rotorschaufeln und Injektoren sollte ungefähr 6 ± 3 pro Stufe betragen.
- Die Einblasrate sollte circa 2% ± 1% des Auslegungsmassenstroms des Verdichters entsprechen.
- Für einen ausreichenden Impulseintrag sollte die Schlitzbreite der Injektoren nicht größer als 1.4% des Verdichterumfangs sein. Der Strömungsquerschnitt sollte so angepasst werden, dass das Verhältnis der Axialgeschwindigkeit zwischen Einblasstrahl und Verdichterhauptstrom in einem Bereich um 2.5 ± 1.0 liegt.
- Die radiale Ausbreitung des Einblasstrahls sollte groß genug sein, um den Radialspalt des stromab bewegten Rotorgitters vollständig abdecken zu können.
- Bei der Verwendung eines Coanda-Injektors sollte ein Mindestabstand stromauf der Rotorblattspitze im Außenschnitt gewahrt werden. Die aktuellen Untersuchungen legen diesen Abstand auf 5mm fest. Der maximale Abstand wird durch die axiale Distanz zwischen Rotor- und Statorreihe begrenzt.

Dabei ist zu beachten, dass die Richtlinie nur Gültigkeit besitzt, wenn ähnliche Beschaufelungen und Injektoren verwendet werden. Ferner wird hier nicht auf die Kompressibilität des Arbeitsmediums bei hohen Machzahlen (Ma>0.3) und die Übertragbarkeit auf transsonische Verdichter eingegangen.
Eine grundsätzliche Voraussetzung für das Erzielen einer Betriebsbereichserweiterung ist der Einsatz eines blattspitzenkritischen Rotors. Weiterhin wird vermutet, dass der grundlegende Effekt der Einblasung am Gehäuse unabhängig vom gewählten Schaufelprofil ist, was in zukünftigen Projekten ebenso untersucht werden sollte wie das unterschiedliche Verhalten der einzelnen Stufen bei Einblasung in einem mehrstufigen Aufbau des NGV Dresden.

Zusammenfassend kann gesagt werden, dass der Wissensstand bezüglich eines Einblassystems an den hier untersuchten Konfigurationen des Verdichters bei Nominalspalt des Rotors mit Ergebnissen in der Literatur vergleichbar ist und mit dem Wissen über das Verhalten eines 1.5 stufigen Nieder-Geschwindigkeits-Verdichters bei vergrößertem Radialspalt ergänzt werden konnte. Das Potential, die Wirkungsgradcharakteristik zu verbessern, ist ein wesentliches Ergebnis dieser Arbeit. Weiterhin sind grundlegende Strömungsphänomene des Einblasstrahls aufgezeigt sowie der axiale Abstand des Injektors zur Rotorschaufel als ein weiterer wichtiger Parameter erkannt worden. Weiterführend konnte aus den gewonnenen Ergebnissen und den Daten der Literatur eine Richtlinie zur Auslegung eines Verdichters mit aktiver Strömungskontrolle abgeleitet werden.
Die im Zuge dieser Arbeit gewonnen Erkenntnisse wurden in Zusammenarbeit mit der *Institution of Mechanical Engineers (IMechE)* veröffentlicht, Künzelmann et al. [37].

Anregungen zum Einsatz und industrieller Nutzen der Technologie

In Deutschland werden aktuell Forschungsthemen bearbeitet, die sich zunehmend mit dem Verhalten von großen Radialspalten in Turbomaschinen und mit Technologien zur Verbesserung von Verdichtern beschäftigen. An dieser Stelle sei das von der Bundesregierung unterstütze Luftfahrtforschungsprogramm LuFoIV und die durch das Bundesministerium für Wirtschaft und Technik geförderte AG Turbo mit dem Verbundprojekt COORETEC-turbo genannt.
Die Spaltweite in Turbomaschinen ist durch das thermische Ausdehnungsverhalten des Gehäuses, der Schaufel und des Läufers bestimmt. Der beschaufelte Läufer unterliegt auf Grund der Rotation zusätzlich Radialkräften. Die radiale Spaltweite variiert im Betrieb und vergrößert sich im Laufe der Zeit durch Verschleiß. Dies gilt für stationäre Gasturbinen ebenso wie für Flugtriebwerke. Untersuchungen von Spaltströmungen beschränken sich zumeist auf Radialspalte bis zu 2% Kanalhöhe bzw. 2% bis 4% der Rotorsehnenlänge, wie sie üblicherweise in Flugtriebwerken oder in Niederdruckstufen von großen, stationären Gasturbinen zu finden sind. In Hochdruckstufen derartiger Industriegasturbinen treten Radialspalte von 4% und mehr auf. Um auch bei vergrößertem Spalt einen ausreichenden Abstand zur Pumpgrenze zu gewährleisten, wird die aerodynamische Belastung vergleichsweise gering gehalten. Somit ergibt sich die Notwendigkeit nach aerodynamischen Konzepten, die eine geringere Sensitivität gegenüber Radialspaltweiten erwarten lassen. Insbesondere die Strömung an den Radialspalten beeinflusst erheblich die Effizienz und das Stabilitätsverhalten des Verdichters. Die im Zuge der vorgestellten Arbeit gewonnenen Erkenntnisse stellen eine mögliche Antwort auf die Suche solcher Entwürfe dar und geben Anregungen, um in dieser Richtung weitere Anstrengungen zu unternehmen und Lösungen für die dargelegte Problematik zu erarbeiten.
Auf dem Markt werden bereits praktikable und umgesetzte Lösungen in Turbomaschinen hinsichtlich der Behandlung von Radialspalten angeboten. Beispielsweise wird in einigen Typen großer stationärer Industriegasturbinen des Herstellers Siemens der Läufer im Betrieb in axialer Richtung stromauf verschoben. Damit wird die Spaltweite über den Turbinenschaufeln verringert und über den Verdichterschaufeln erhöht. Auf Grund der geringeren Stufenanzahl und axialen Baulänge der Turbine und des größeren Öffnungswinkels des Gehäuses zur Maschinenachse wird eine größere Schließung der Spalte über den Turbinenschaufeln als Spaltöffnung über den Verdichterschaufeln erreicht. Die Spaltweite ist proportional zu der in der Maschine entstehenden Verlusten. In der Turbine ist der Wirkungsgradgewinn größer als der Wirkungsgradverlust im Verdichter. Somit wird die Gesamtbilanz der Turbomaschine angehoben und höhere Gesamtwirkungsgrade erreicht. Diese Technologie wird erfolgreich eingesetzt.
Denkbar wäre nun der gekoppelte Einsatz mit einem Einblassystem im Verdichter, um den auf Grund vergrößerter Radialspalte über den Verdichterschaufeln erhöhten Verlusten zusätzlich entgegen zu wirken und die Effizienz weiter zu steigern.
Aber auch die Hersteller für Flugtriebwerke (Rolls-Royce Deutschland) und Triebwerkskomponenten (MTU Aero Engines) treiben die Entwicklung von aktiven Strömungsmaßnahmen zur Verbesserung von Flugzeugantrieben voran. Laut den Presseinformationen [48] arbeitet die MTU Aero Engines mit laufenden Entwicklungsprogrammen am Triebwerk von morgen. Bei dem Technologieprogramm Dream (ValiDation of Radical Engine Architecture SysteMs) geht es beispielsweise um die Entwicklung neuer Triebwerkskonzepte. „Die MTU Aero Engines untersucht gemeinsam mit Partnern Turbinenzwischengehäuse und beschäftigt sich mit aktiver Spaltkontrolle.“

Ein weiteres Programm auf europäischer Ebene heißt Newac (New Aero Engine Core Concepts). „Unter der Leitung der MTU befassen sich die führenden europäischen Triebwerkshersteller im Verbund mit Universitäten und Forschungsinstituten mit neuen Konzepten für Kerntriebwerke, die von verbesserten konventionellen Gasturbinen über Triebwerke mit Zwischenkühler bis zum Abgaswärmetauscher-Triebwerk reichen. Die MTU konzentriert sich auf die aktive Regelung von Hochdruckverdichtern. (...) Sehr schnell arbeitende Sensoren liefern kontinuierlich Informationen über das aerodynamische Verhalten. Nähert sich der Verdichter einem kritischen Zustand, etwa der Pumpgrenze, kann gegengesteuert werden."
Diese Aussagen zeigen deutlich, dass die Technologie der aktiven Strömungskontrolle nicht nur im Bereich der Forschung, sondern künftig auch im industriellen Sektor eine zunehmende Bedeutung erlangen wird.

Eine weitere Stellung könnte das Einblasen von Luft als Notlaufeigenschaft in Flugtriebwerken einnehmen, in denen die aktive Strömungskontrolle nicht mit einer Anhebung des Wirkungsgrades einhergeht und in eingeschaltetem Zustand keine Mehrleistung oder Einsparung von Kraftstoff erzielt wird. Wenn ein kritischer Zustand eines solchen Triebwerks nahe der Stabilitätsgrenze erreicht wird, kann über aufgeladene Drucklufttanks Luft abgeblasen und über Injektoren dem Verdichter zugeführt werden. Die stabilisierende Wirkung trägt dann dazu bei, dass es nicht zum Ausfall des Triebwerks kommt.

A. Anhang

A.1. Auswertealgorithmus Kennfeldmessung

Das h-s-Diagramm:
Für die Ermittlung der Stoffdaten wird ein h-s-Diagramm zu Grunde gelegt:

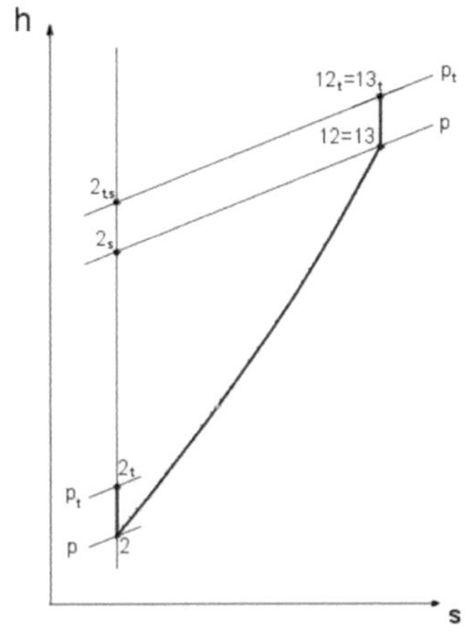

Abbildung A.1. h-s-Diagramm mit Angabe der Messebenen

Reduzierung auf ISA:

Messwerte:

$p_{m,t,0}$, $p_{m,t,2}$, $p_{m,t,3}$, $p_{m,t,5}$, $p_{m,t,13}$ - Totaldrücke [Pa]
$p_{m,1} \cdots p_{m,13}$ - statische Drücke [Pa]
$T_{m,t,0}$, $T_{m,t,5}$, $T_{m,t,13}$ - Totaltemperaturen [K]
M_m - Drehmoment [Nm]
n_m - Drehzahl [min^{-1}]
$T_{m,Lager}$ - Lagertemperatur [K]
$p_{m,bar}$ - barometrischer Druck [Pa]

Eingabewerte:

r_i, r_m, r_a - Radien [m]
A_{Sch} - Scheibenfläche [m^2]
$\alpha_{Auslegung}$ - Strömungswinkel [°]

Die Messungen am NGV setzen sich aus verschiedenen Standardmessungen zusammen. Die Indizierung mit Zahlen erfolgt entweder sondenbezogen (Fünflochsonden, Abschnitt A.3), auf die Messebenen bezogen (Abbildung A.3), oder generalisiert für eine Stufe (1 - vor Rotor; 2 - nach Rotor; 3 - nach Stator).
Da sich eine Messkampagne über mehrere Tage erstreckt und sich die Umgebungsverhältnisse ändern, ist eine Reduktion der Verdichterkenngrößen auf Normal-Eintrittsbedingungen durchzuführen. Dabei wird unter Beibehaltung einer geometrischen und Mach'schen Ähnlichkeit die Umfangsmachzahl konstant gehalten. Grundlage dieser Art der Reduktion ist die Kenntnis, dass die Belastung von den Inzidenzen, also den Geschwindigkeitsdreiecken bestimmt wird. Bei verschiedenen Temperaturen und Umgebungsdrücken werden durch die verschiedenen Dichten unterschiedliche Geschwindigkeiten im Verdichter erreicht. Die Umfangsgeschwindigkeit und somit die Drehzahl ist daran anzupassen.

- Reduktion der Temperatur:

$$T_{t,norm} = T_t \cdot \frac{T_{t0,norm}}{T_{t0}} \qquad T_2 = T_0 \cdot \left(\frac{p_2}{p_{t2}}\right)^{\frac{\kappa-1}{\kappa}} \qquad \rho_2 = \frac{p_2}{R \cdot T_2} \tag{A.1}$$

- Reduktion der Drücke:

$$p_{norm} = p \cdot \frac{p_{t0,norm}}{p_{t0}} \tag{A.2}$$

- Reduktion der Drehzahl:

$$\zeta = \frac{n/\sqrt{T_{t,E}}}{n_{AP}/\sqrt{T_{t,A,AP}}} \tag{A.3}$$

  Der bezogene Drehzahlkennwert ζ des Verdichters wird durch das Steuer- und Messprogramm während der Messungen konstant gehalten.

- Reduktion des Massenstromes:

  Die Verteilungen von Massestrom und Totaldruck über Radius und Umfang des Verdichters am Einlauf wurden nach dessen Inbetriebnahme sorgfältig vermessen, siehe auch Sauer et al. [61]. Der Kalibrierfaktor für den Massestrom (Gleichung (A.4)) ist in Anlehnung an die Definition des reduzierten Massestromes auf den Totaldruck und die Totaltemperatur am Verdichtereintritt (ME0 und ME2) bezogen.

$$A \cdot \dot{m}_{red} = f\left(\frac{p_{t,0}}{p_1}\right) \qquad \dot{m} = \frac{p_{t,0}}{\sqrt{T_{t,0}}} \cdot [A \cdot \dot{m}_{red}] \tag{A.4}$$

  Aus dem so bestimmten Massestrom und der in Messebene 2 gemessenen Totaltemperatur lässt sich nach den Beziehungen (A.5) der auf den Auslegungsmassestrom bezogene Durchsatz ξ_2 berechnen.

$$\xi_2 = \left(\frac{\dot{V}_t}{\sqrt{T_t}}\right) / \left(\frac{\dot{V}_t}{\sqrt{T_t}}\right)_{AP} \qquad \frac{\dot{V}_t}{\sqrt{T_t}} = \frac{\dot{m} \cdot v_{t,2}}{\sqrt{T_{t,2}}} \tag{A.5}$$

  Die Bestimmung der örtlichen Zustandsgrößen erfolgt mittels eines Stoffwertprogramms nach den VDI Richtlinien 4670.

Ermittlung der Totaldrücke aus den Wanddrücken:
Die Totaldrücke in der Eintrittsebene (ME2) und Austrittsebene (ME13) werden durch eine iterative Berechnung aus den statischen Wanddrücken, die an Gehäuse und Nabe gemessen werden, ermittelt. Die Wanddrücke erhält man aus mehreren, über den Umfang verteilten und mit Ringleitungen verbundenen Messstellen in der ME2 und der ME13.

$$h_{t,2} = f(p_{t,2}, T_{t,2}) \qquad T_{t,2} = T_{t,0}$$

$$h_2 = h_{t,2} - \frac{c_2^2}{2}$$

$$T_2 = f(p_2, h_2) \qquad \nu_2 = f(p_2, T_2)$$

$$c_{ax,2} = \frac{\dot{m} \cdot \nu_2}{A_2} \qquad c_2 = \frac{c_{ax,2}}{\sin \alpha_2} \qquad \alpha_2 = \alpha_{2,Auslegung}$$

$$s_2 = f(p_2, T_2)$$

$$p_{t,2} = f(T_{t,2}, s_2)$$

$$h_{t,13} = f(p_{t,13}, T_{t,13})$$

$$h_{13} = h_{t,13} - \frac{c_{13}^2}{2}$$

$$T_{13} = f(p_{13}, h_{13}) \qquad \nu_{13} = f(p_{13}, T_{13})$$

$$c_{ax,13} = \frac{\dot{m} \cdot \nu_{13}}{A_{13}} \qquad c_{13} = \frac{c_{ax,13}}{\sin \alpha_{13}}$$

$$s_{13} = f(p_{13}, T_{13})$$

$$p_{t,13} = f(T_{t,13}, s_{13})$$

Kennfeldpunkt:
ME2 wurde als Eintrittsebene und ME13 als Austrittsebene festgelegt, siehe Abbildung A.3

Stoffwerte:

$$h_{t,E} = f(p_{t,E}, T_{t,E}) \qquad h_{t,A} = f(p_{t,A}, T_{t,A}) \qquad T_{t,E} = T_{t,0}$$

$$v_{t,E} = f(p_{t,E}, T_{t,E}) \qquad p_{t,E}\text{- iterativ aus } p_E \text{ (s.o.)}$$

$$s = f(p_{t,E}, T_{t,E})$$

$$h_{t,s,A} = f(p_{t,A}, s) \qquad p_{t,A}\text{- iterativ aus } p_A \text{ (s.o.)}$$

Für die Darstellung der Charakteristiken des Verdichters werden die reduzierte Drehzahl ζ und der auf den Auslegungsmassestrom bezogene Massestrom ξ benötigt. Diese Kenngrößen werden nach den Beziehungen 6.1 (Abschnitt 6.2, Seite 64) berechnet.

Da die gemessenen Temperaturen zu ungenau sind, können die Entropien in einem mehrstufigen Aufbau annähernd mit folgender Beziehung berechnet (N = Nr. der Stufe):

$$s_{E,N} = \frac{s_E - s_A}{p_{t,E} - p_{t,A}} \cdot (p_{t,E,N} - p_{t,E}) + s_E$$

$$s_{A,N} = \frac{s_E - s_A}{p_{t,E} - p_{t,A}} \cdot (p_{t,A,N} - p_{t,E}) + s_E$$

$$h_{t,E,N} = f(p_{t,E,N}, s_{E,N}) \qquad h_{t,A,N} = f(p_{t,A,N}, s_{A,N})$$

$$h_{t,s,E,N} = f(p_{t,E,N}, s) \qquad h_{t,s,A,N} = f(p_{t,A,N}, s)$$

$$h_{s,E,N} = f(p_{E,N}, s) \qquad h_{s,A,N} = f(p_{A,N}, s)$$

Druckverhältnis: $\pi = \frac{p_{t,A}}{p_{t,E}}$

Leistung (mechanisch): $P_{(M)} = M_{korr} \cdot \frac{2 \cdot \pi \cdot n}{60} \qquad M_{korr} = f(n, T_{m,Lager}, \xi_2, M)$

Iterative Berechnung von φ in ME 2 am Eintritt des Verdichters:

$$c_2 = \frac{c_{ax,2}}{\sin\alpha_2} \qquad \alpha_2 = \alpha_{2,Auslegung} = 90° \qquad T_{t,2} = T_{t,0}$$

$$h_2 = h_{t,2} - \frac{c_2^2}{2}$$

$$T_2 = f(p_2, h_2)$$

$$v_2 = f(p_2, T_2)$$

$$c_{ax} = \frac{\dot{m} \cdot \nu_2}{A_2} \qquad A_2 = \frac{(r_{a,2}^2 - r_{i,2}^2)}{f_{Blockage}} \cdot \pi \qquad f_{Blockage} = 1$$

$$u_2 = 2 \cdot \pi \cdot r_{m,2} \cdot \frac{n}{60} \qquad r_{m,2} = \sqrt{\frac{(r_{a,2}^2 - r_{i,2}^2)}{2}}$$

$$\varphi = \frac{c_{ax,2}}{u_2}$$

Korrektur des gemessenen Drehmomentes, Sauer und Bernhard [60]:

$$M_{korr} = M - M_1 - M_0 - M_{TS}$$

Axialkraft:

$$F_{ax} = 18247N - F_{ax,B} - F_{ax,Sch}$$

Axialkraft auf die Beschaufelung (Impulsanteil wird vernachlässigt):

$$F_{ax,B} = (p_4 - p_3) \cdot A_3 + (p_6 - p_5) \cdot A_5 + (p_8 - p_7) \cdot A_8 + (p_{10} - p_9) \cdot A_{10}$$

Axialkraft auf die Tragscheibe:

$$F_{ax,Sch} = \Delta p_{Sch} \cdot A_{Sch}$$

Lastunabhängiges Moment der Wälzlager:

$$M_0 = (25,8134 - 0,71301 \cdot t_{Lager} + 0.006667 \cdot t_{Lager}^2) \cdot \left(\frac{16000}{F_{ax}}\right)^{0,125} \cdot \left(\frac{n}{n_0}\right)^{\frac{t_{Lager}-5}{90}}$$

$$t_{Lager} = T_{m,Lager} - 273,15\ K\ [°C]$$

$$n_0 = 1000 \cdot min^{-1}$$

$$A_{Sch} = (0,57^2 - 0,11^2) \cdot \pi = 0,982690 \cdot m^2$$

Lastabhängiges Moment der Wälzlager:

$$M_1 = 0,001 \cdot \left(\frac{0,26 \cdot F_{ax}}{390}\right)^{0,33} \cdot F_{ax} \cdot d_m + 1,07 \qquad d_m = 0,255\ m$$

Moment durch Trommel- und Scheibenreibung:

$$M_{TS} = 0,002683 \cdot \omega^{1,8} + N \cdot 0,000500 \cdot \omega^{1,8} + (4 - N) \cdot 0,000706 \cdot \omega^{1,8} \qquad \omega = 2 \cdot \pi \cdot n$$

(bei beidseitig eingespannten Leitgittern)

und bei Leitgittern mit Spalt (*cantilevered*):

$$M_{TS} = 0,002515 \cdot \omega^{1,8} + (4 - N) \cdot 0,000706 \cdot \omega^{1,8} \qquad \omega = 2 \cdot \pi \cdot n$$

Wirkungsgrad allgemein:
Der isentrope Verdichterwirkungsgrad ist das Verhältnis der Gesamtenthalpieerhöhung bei isentroper Strömung $h_{t3,s} - h_{t1}$ zu der tatsächlichen Gesamtenthalpieerhöhung, die gleich der Schaufelarbeit w_{tu} ist

$$\eta_u = \frac{h_{t3,s} - h_{t1}}{h_{t3} - h_{t1}} = \frac{h_{t3,s} - h_{t1}}{u_2 c_{u2} - u_1 c_{u1}} \tag{A.6}$$

Die Indizes 1, 2 und 3 entsprechen folgenden Ebenen:

1 = Laufgittereintritt
2 = Laufgitteraustritt (Leitgittereintritt)
3 = Leitgitteraustritt

Gleichung (A.6) liefert den Wirkungsgrad für das Stufenelement, wenn für alle Größen die vom Radius abhängigen Mittelwerte für jeweils eine Gitterteilung ($^{-}$) eingesetzt werden. In einer exakten Betrachtung muss die Zuordnung auf einer Stromlinie beachtet werden.
Den Wirkungsgrad für die gesamte Stufe erhält man, wenn in Gleichung (A.6) die Mittelwerte für die gesamte Durchströmfläche ($^{=}$) eingesetzt werden. Das gilt für alle weiteren Beziehungen. Gleichung (A.6) wird umgeformt in:

$$\eta_u = 1 - \frac{h_{t,3} - h_{t,3,s}}{h_{t,3} - h_{t,1}} \tag{A.7}$$

Der Zustandspunkt p_{t3s} ist der Schnittpunkt der Isentropen s_1 und der Isobaren p_{t3} (Abbildung A.1). Der Wirkungsgrad kann in Abhängigkeit der Druckverluste in den Beschaufelungen dargestellt werden. Die Enthalpiedifferenz $h_{t3} - h_{t3,s}$ entspricht einer Strecke auf der Isentropen s1, die sich aus den Anteilen $h_{t,rel,s}$ infolge der Druckverluste $p_{t2,rel,s} - p_{t2,rel}$ des Laufgitters und $h_{t,s}$ infolge der Druckverluste $p_{t2} - p_{t3}$ des Leitgitters zusammensetzt. Bei genau axialer Strömung ist wegen $u_2 = u_1$ die Feldkraftarbeit gleich Null und es gilt $h_{t2,rel} = h_{t1,rel}$, $p_{t2,rel,s} = p_{t1rel}$.

Das kann hier zumindest für den Wirkungsgrad der gesamten Beschaufelung vorausgesetzt werden.

$$\triangle h_{ts} = \frac{\kappa}{\kappa - 1}\left[\frac{p_{t2}}{\zeta_{t2,s}} - \frac{p_{t3}}{\zeta_{t3,s}}\right] = \frac{\kappa}{\kappa - 1} \cdot \frac{1}{\zeta_{t2,s}}\left[p_{t2} - p_{t3}\left(\frac{p_{t2}}{p_{t3}}\right)^{\frac{1}{\kappa}}\right]$$

$$\triangle h_{t,rel,s} = \frac{\kappa}{\kappa - 1} \cdot \frac{1}{\zeta_{t1,rel}}\left[p_{t1,rel} - p_{t2,rel}\left(\frac{p_{t1,rel}}{p_{t2,rel}}\right)^{\frac{1}{\kappa}}\right]$$

$$h_{t3} - h_{t1} = \frac{\kappa}{\kappa - 1}\left\{\frac{1}{\zeta_{t2,s}}\left[p_{t2} - p_{t1}\left(\frac{p_{t2}}{p_{t1}}\right)^{\frac{1}{\kappa}}\right] + \frac{1}{\zeta_{t1,rel}}\left[p_{t1,rel} - p_{t2,rel}\left(\frac{p_{t1,rel}}{p_{t2,rel}}\right)^{\frac{1}{\kappa}}\right]\right\}$$

$$\eta_u = 1 - \frac{\left[p_{t2} - p_{t3}\left(\frac{p_{t2}}{p_{t3}}\right)^{\frac{1}{\kappa}}\right] + \left(\frac{p_{t2}}{p_{t1,rel}}\right)^{\frac{1}{\kappa}}\left[p_{t1,rel} - p_{t2,rel}\left(\frac{p_{t1,rel}}{p_{t2,rel}}\right)^{\frac{1}{\kappa}}\right]}{\left[p_{t2} - p_{t1}\left(\frac{p_{t2}}{p_{t1}}\right)^{\frac{1}{\kappa}}\right] + \left(\frac{p_{t2}}{p_{t1,rel}}\right)^{\frac{1}{\kappa}}\left[p_{t1,rel} - p_{t2,rel}\left(\frac{p_{t1,rel}}{p_{t2,rel}}\right)^{\frac{1}{\kappa}}\right]} \tag{A.8}$$

Im inkompressiblen Fall folgt näherungsweise sehr vereinfachend:

$$\eta_u = 1 - \frac{p_{t2} - p_{t3} + p_{t1,rel} - p_{t2,rel}}{p_{t2} - p_{t1} + p_{t1,rel} - p_{t2,rel}} \tag{A.9}$$

Da die Druckverluste im Vergleich zu den Drücken klein sind, kann man mit guter Näherung

$$\triangle h_{t,rel,s} = \frac{p_{t1,rel} - p_{t2,rel}}{\rho_{t1,rel}} \tag{A.10}$$

mit $\rho_{t1,rel} = f(p_{t1,rel}, s_1)$ und

$$\triangle h_{ts} = \frac{p_{t2} - p_{t3}}{\rho_{t2s}} \tag{A.11}$$

mit $\rho_{t2,s} = f(p_{t2}, s_1)$

setzen. Damit ergibt sich aus Gleichung (A.7)

$$\eta_u = 1 - \frac{1}{h_{t3} - h_{t1}}\left(\frac{p_{t1,rel} - p_{t2,rel}}{\rho_{t1,rel}} + \frac{p_{t2} - p_{t3}}{\rho_{t2,s}}\right) \quad \text{bzw.} \tag{A.12}$$

$$\eta_u = 1 - \frac{1}{u_2 c_{u2} - u_1 c_{u1}}\left(\frac{p_{t1,rel} - p_{t2,rel}}{\rho_{t1,rel}} + \frac{p_{t2} - p_{t3}}{\rho_{t2,s}}\right) \tag{A.13}$$

und weiterhin bei Einführung der Verlustbeiwerte

$$\zeta_{Rotor} = \frac{\Delta p_{t,rel}}{p_{dyn1,en,rel,MS}} \qquad \zeta_{Stator} = \frac{\Delta p_t}{p_{dyn2,en,MS}} \tag{A.14}$$

$$\eta_u = 1 - \frac{1}{h_{t3} - h_{t1}} \left(\frac{\overline{p}_{dyn1,en,rel,MS}}{\rho_{t1,rel}} \zeta_{Rotor} + \frac{\overline{p}_{dyn1,en,MS}}{\rho_{t2,s}} \zeta_{Stator} \right) \qquad \text{bzw.} \qquad (A.15)$$

$$\eta_u = 1 - \frac{1}{u_2 c_{u2} - u_1 c_{u1}} \left(\frac{\overline{p}_{dyn1,en,rel,MS}}{\rho_{t1,rel}} \zeta_{Rotor} + \frac{\overline{p}_{dyn2,en,MS}}{\rho_{t2,s}} \zeta_{Stator} \right) \qquad (A.16)$$

Während für die Auswertung von Messungen die Berechnung des Wirkungsgrades nach Gleichung (A.12) erfolgt, ist bei der Auslegung die Anwendung der Gleichung (A.15) zweckmäßig, da normalerweise Unterlagen für Verlustbeiwerte zur Verfügung stehen. Unter Berücksichtigung der Fehler bei der Differenzbildung der Enthalpien, sind die Gleichung (A.13) bzw. (A.16) vorzuziehen.

$$h_{t2,s} - h_{t3,s} = \frac{\kappa}{\kappa - 1} \left(\frac{p_{t2}}{\rho_{t2,s}} - \frac{p_{t3}}{\rho_{t3s}} \right) = \frac{\kappa}{\kappa - 1} \left(\frac{p_{t2}}{\rho_{t2,s}} - \frac{p_{t3}}{\rho_{t2,s}} \frac{\rho_{t2,s}}{\rho_{t3,s}} \right)$$

$$= \frac{\kappa}{\kappa - 1} \left(\frac{p_{t2}}{\rho_{t2,s}} - \frac{p_{t3}}{\rho_{t2,s}} \left(\frac{p_{t2}}{p_{t3}} \right)^{\frac{1}{\kappa}} \right)$$

$$p_{t3} = p_{t2} - \triangle p_t$$

für $\Delta p_t \ll p_t$ gilt mit guter Näherung

$$p_{t3}^{\frac{\kappa-1}{\kappa}} = (p_{t2} - \triangle p_t)^{\frac{\kappa-1}{\kappa}} = p_{t2}^{\frac{\kappa-1}{\kappa}} \left(1 - \frac{\kappa - 1}{\kappa} \frac{\triangle p_t}{p_{t2}} \right)$$

und nach Einsetzen:

$$h_{t2,s} - h_{t3,s} = \frac{\triangle p_t}{\rho_{t2,s}}$$

A.2. Auswertealgorithmus Strömungsfeldmessung

Bestimmung der Werte für einzelne Messpunkte:
Es werden für die im folgenden beschriebenen Berechnungen nach Gleichung (A.1) reduzierte Temperaturen sowie reduzierte Drücke nach Gleichung (A.2) verwendet. Die Drehzahl wird ebenfalls auf die Umgebungsbedingungen nach Gleichung (A.3) bezogen. Näheres zur Angabe der ISA Bedingungen ist in Abschnitt A.1 zu finden.

- Sondenposition:

$$\varphi = \varphi_0 \cdot (b/r \cdot \sin(\alpha_M - \alpha_K))$$

- Bestimmung der Drücke, Geschwindigkeiten und Strömungswinkel (Fünflochsonde):
  Im Folgenden wird generell mit reduzierten Drücken, Temperaturen und Drehzahlen gerechnet. Für den Fall, dass trotz Druckabgleich in der Messung eine Druckdifferenz zwischen den Drücken des Sondenloches 4 und 5 auftritt, wird der Druck p_4 wie folgt korrigiert.

$$p_4 \equiv \frac{p_4 + p_5}{2}$$

$$K_\delta = \frac{p_1 - p_3}{p_2 - p_4} \quad \text{, Kalibrierfaktor der Sonde}$$

- Drücke:

$$p_t = p_2 + K_R(p_2 - p_4) + p_b \qquad \text{Gesamtdruck}$$

$$p_{dyn} = K_Q \cdot (p_2 - p_4) \qquad \text{dyn. Druck}$$

$$p = p_t - p_{dyn} \qquad \text{stat. Druck}$$

  Die Ermittlung der Werte K_R, K_Q, α_K und δ erfolgt in Abhängigkeit vom Kalibrierfaktor K_δ.

- Strömungswinkel:
  Der Strömungswinkel δ ist der Winkel zwischen der Absolutgeschwindigkeit und deren Komponente in der Axial-Umfangs-Ebene. Er wird aus der Kalibrierkurve der Fünflochsonde bestimmt. Die positive Richtung der Radialgeschwindigkeit zeigt in Richtung Gehäuse (nach außen).

  Der Strömungswinkel α ist der Winkel der Absolutgeschwindigkeit in der Axial-Umfangs-Ebene gegen die Umfangsrichtung.

$$\alpha = 90° - (\alpha_M - \alpha_K - \alpha'_K)$$

- Geschwindigkeiten:
  Die Bestimmung der örtlichen Zustandsgrößen erfolgt mittels eines Stoffwertprogramms nach den VDI Richtlinien 4670.

$$h_t = f(p_t, T_t)$$

$$s = f(p_t, T_t)$$

$$T = f(p, s)$$

$$h = f(p, T)$$

$$\rho = f(p, T)$$

$$c = \sqrt{(2 \cdot (h_t - h))}$$

$$c_{ax} = c \cdot \cos\delta \cdot \sin\alpha$$

$$c_u = c \cdot \cos\delta \cdot \cos\alpha$$

$$c_r = c \cdot \sin\delta$$

$$\begin{aligned} u &= 2 \cdot \pi \cdot r \cdot n \\ w_u &= c_u - u \\ w &= \sqrt{c_{ax}^2 + c_r^2 + w_u^2} \\ h_{t,rel} &= h + \frac{w^2}{2} \\ p_{t,rel} &= f(s, h_{t,rel}) \\ \epsilon &= \arctan(\frac{c_r}{c_{ax}}) \end{aligned}$$

Mittelwerte für eine Teilung für Messpunkte auf konstantem Radius:
Für die Darstellung von teilungsgemittelten (Umfangsmittelung) Strömungsgrößen in Turbomaschinen werden grundsätzlich die Drücke durch Anwendung des Energiesatzes und die Geschwindigkeiten mit Hilfe des Impulssatzes gemittelt. Die alleinige Darstellung des Druckes als skalare Größe wird durch eine Mittelung nach dem Flächeninhalt durchgeführt. Alle aus dem Messraster ermittelten lokalen Strömungsgrößen verstehen sich als Funktion von f(r,ϕ). Aus Gründen der Übersichtlichkeit wird auf die Darstellung in den folgenden Beziehungen verzichtet.

- Energetische Mittelung:
  Enthalpiestrom:

  Für die absolute Totalenthalpie gilt:

$$\bar{h}_t(r) = \frac{\int\limits_{\phi_{\min}}^{\phi_{\max}} h_t \cdot \rho \cdot c_{ax} \cdot d\phi}{\int\limits_{\phi_{\min}}^{\phi_{\max}} \rho \cdot c_{ax} \cdot d\phi}$$

  Für die statische Enthalpie gilt:

$$\bar{h}(r) = \frac{\int\limits_{\phi_{\min}}^{\phi_{\max}} h \cdot \rho \cdot c_{ax} \cdot d\phi}{\int\limits_{\phi_{\min}}^{\phi_{\max}} \rho \cdot c_{ax} \cdot d\phi}$$

  Schließlich lässt sich die relative Totalenthalpie berechnen zu:

$$\bar{h}_{t,rel}(r) = \frac{\int\limits_{\phi_{\min}}^{\phi_{\max}} h_{t,rel} \cdot \rho \cdot c_{ax} \cdot d\phi}{\int\limits_{\phi_{\min}}^{\phi_{\max}} \rho \cdot c_{ax} \cdot d\phi} \qquad \text{wobei gilt:} \quad h_{t,rel} = h + \frac{w^2}{2}$$

  Entropiestrom:

  Die Entropie lässt sich bestimmen zu:

$$\bar{s}(r) = \frac{\int\limits_{\phi_{\min}}^{\phi_{\max}} s \cdot \rho \cdot c_{ax} \cdot d\phi}{\int\limits_{\phi_{\min}}^{\phi_{\max}} \rho \cdot c_{ax} \cdot d\phi}$$

  Die gemittelten Werte für die Dichte, sowie den statischen und totalen Druck ergeben sich als Funktion der eben bestimmten Werte für die mittlere Enthalpie und die mittlere Entropie wie folgt:

$$\bar{p}_{en} = f(\bar{h}, \bar{s})$$

$$\bar{\rho}_{en} = f(\bar{h}, \bar{s})$$

$$\bar{p}_{t,en} = f(\bar{h}_t, \bar{s})$$

$$\bar{p}_{t,rel,en} = f(\bar{h}_{t,rel}, \bar{s})$$

$$\bar{\rho}_{t,en} = f(\bar{h}_t, \bar{s}) \qquad \bar{p}_{dyn,en} = \bar{p}_{t,en} - \bar{p}_{en}$$

$$\bar{\rho}_{t,rel,en} = f(\bar{h}_{t,rel}, \bar{s}) \qquad \bar{p}_{dyn,rel,en} = \bar{p}_{t,rel,en} - \bar{p}_{en}$$

- Mittelung nach dem Flächeninhalt:

$$\overline{p}_{z,fl}(r) = \frac{\int\limits_{\phi_{min}}^{\phi_{max}} p_z \cdot d\phi}{\int\limits_{\phi_{min}}^{\phi_{max}} d\phi} \qquad \text{wobei} \quad \text{gilt}: \quad p_z \ldots p, p_{dyn}, p_t, p_{t,rel}, p_{dyn,rel} \tag{A.17}$$

und der mittlere dynamische Druck bestimmt wird aus:

$$\overline{p}_{dyn} = \overline{p}_t - \overline{p}$$

- Massestrommittelung der Drücke:

$$\overline{p}_{z,ma}(r) = \frac{\int\limits_{\phi_{\min}}^{\phi_{\max}} p_z \cdot \rho \cdot c_{ax} \cdot d\phi}{\int\limits_{\phi_{\min}}^{\phi_{\max}} \rho \cdot c_{ax} \cdot d\phi} \qquad \text{wobei} \quad \text{gilt}: \quad p_z ... p_t, p_{t,rel} \tag{A.18}$$

- Mittelung der Geschwindigkeiten nach dem Impulssatz:

$$\bar{c}_{z,im}(r) = \frac{\int\limits_{\dot{m}_{\min}}^{\dot{m}_{\max}} c_z \cdot d\dot{m}}{\int\limits_{\dot{m}_{\min}}^{\dot{m}_{\max}} d\dot{m}} = \frac{\int\limits_{\phi_{\min}}^{\phi_{\max}} \rho \cdot c_{ax} \cdot c_z \cdot d\phi}{\int\limits_{\phi_{\min}}^{\phi_{\max}} \rho \cdot c_{ax} \cdot d\phi} \qquad \text{wobei} \quad \text{gilt}: \quad c_z ... c_{ax}, c_u, c_r \tag{A.19}$$

und die absolute Geschwindigkeit aus den drei Komponenten bestimmt wird:

$$\bar{c}_{im} = \sqrt{\bar{c}^2_{ax,im} + \bar{c}^2_{u,im} + \bar{c}^2_{r,im}} \tag{A.20}$$

- Mittelung der Geschwindigkeiten nach dem Kontinuitätssatz:

$$\bar{c}_{z,kon}(r) = \frac{\int\limits_{\phi_{\min}}^{\phi_{\max}} \rho \cdot c_z \cdot d\phi}{\int\limits_{\phi_{\min}}^{\phi_{\max}} \rho \cdot d\phi} \qquad \text{wobei} \quad \text{gilt}: \quad c_z ... c_{ax}, c_u, c_r \tag{A.21}$$

und die absolute Geschwindigkeit auch hier aus den drei Komponenten bestimmt wird:

$$\bar{c}_{kon} = \sqrt{\bar{c}^2_{ax,kon} + \bar{c}^2_{u,kon} + \bar{c}^2_{r,kon}} \tag{A.22}$$

- Mittelung der Winkel (Impulsmittelung):
  Die Winkel werden aus den entsprechenden impulsgemittelten Geschwindigkeitskomponenten errechnet:

$$\overline{\alpha}_{im}(r) = \arctan\left(\frac{\overline{c}_{ax,im}(r)}{\overline{c}_{u,im}(r)}\right)$$

$$\overline{\delta}_{im}(r) = \arctan\left(\frac{\overline{c}_{r,im}(r)}{\sqrt{\overline{c}_{ax,im}(r)^2 + \overline{c}_{u,im}(r)^2}}\right)$$

$$\overline{\epsilon}_{im}(r) = \arctan\left(\frac{\overline{c}_{r,im}(r)}{\overline{c}_{ax,im}(r)}\right)$$

- Mittelung der Winkel (Flächenmittelung):
  Die Winkel werden aus den entsprechenden flächengemittelten Geschwindigkeitskomponenten errechnet.

$$\bar{\alpha}_{fl}(r) = \frac{\int\limits_{\phi_{\min}}^{\phi_{\max}} \alpha \cdot d\phi}{\int\limits_{\phi_{\min}}^{\phi_{\max}} d\phi} \qquad \bar{\delta}_{fl}(r) = \frac{\int\limits_{\phi_{\min}}^{\phi_{\max}} \delta \cdot d\phi}{\int\limits_{\phi_{\min}}^{\phi_{\max}} d\phi}$$

- Strömung im Relativsystem:

$$n_{norm} = \zeta \cdot n_{AP} \sqrt{\frac{T_{t,0,norm}}{T_{t,0,AP}}}$$

$$\bar{w}_{u,im} = u - \bar{c}_{u,im}$$

$$\bar{\beta}_{im} = \arctan(\bar{c}_{ax,im}/\bar{w}_{u,im})$$

$$w_{im} = \sqrt{\bar{c}^2_{ax,im} + \bar{w}^2_{u,im} + \bar{c}^2_{r,im}}$$

Der für konstanten Energiestrom gemittelte Druck $\bar{p}_{t,rel,en}$ wird aus dem Enthalpiestrom im Relativsystem und dem Entropiestrom analog wie im Absolutsystem bestimmt. Die flächengemittelten Drücke $\bar{p}_{t,rel,fl}$ und $\bar{p}_{t,rel,fl}$ werden aus den örtlichen Größen

$$p_{t,rel} = f(h_{t,rel}, s) \quad \text{und} \tag{A.23}$$

$$p_{dyn,rel} = p_{t,rel} - p \quad \text{ermittelt.} \tag{A.24}$$

Mittelung für die gesamte Messebene:

- Mittelung der auf konstanten Radien bestimmten teilungsgemittelten Werte ($^{-}$) über der Schaufelhöhe zu globalen Werten ($^{=}$)

  Randbedingungen:
  Grenzschichtuntersuchungen bis 0.5mm Abstand von Nabe bzw. Gehäuse zeigten noch keinen wesentlichen Einfluss der Seitenwandgrenzschichten. Den Integrationen liegt deshalb die Festlegung zugrunde, dass für den Stützpunkt 0.3mm Wandabstand (Nabe und Gehäuse) die Messwerte der beiden wandnächsten Radien linear extrapoliert werden. Erst nach diesem Stützpunkt wird der Randwert angestrebt.

  Am Rande gilt für Leitgitter mit Innenringen:

$$\begin{aligned} p_t(r_{\text{min}}) &= p(r_{\text{min}}) \\ p_t(r_{\text{max}}) &= p(r_{\text{max}}) \end{aligned}$$

  Aus der Haftbedingung an Wänden folgt:

$$c_{ax}(r_{\text{min}}) = c_{ax}(r_{\text{max}}) = 0$$

  und somit auch: $p_{dyn}(r_{\text{min}}) = p_{dyn}(r_{\text{max}}) = 0$

  Für Leitgitter mit Radialspalt und bewegter Nabe gilt näherungsweise (inkompressibel):

$$\begin{aligned} c_u(r_{\text{min}}) &= u \\ p_t(r_{\text{min}}) &= p(r_{\text{min}}) + \frac{\rho}{2} \cdot u^2 \\ p_{dyn}(r_{\text{min}}) &= \frac{\rho}{2} \cdot u^2 \end{aligned}$$

  Am Rande gilt für Laufgitter:

$$\begin{aligned} p_{t,rel}(r_{\text{min}}) &= p(r_{\text{min}}) \\ c_{ax}(r_{\text{min}}) &= c_{ax}(r_{\text{max}}) = 0 \\ p_{dyn}(r_{\text{min}}) &= 0 \\ w_u(r_{\text{max}}) &= -u \\ p_{t,rel}(r_{\text{max}}) &= p(r_{\text{max}}) + \frac{\rho}{2} \cdot u^2 \\ p_{dyn,rel}(r_{\text{max}}) &= \frac{\rho}{2} \cdot u^2 \end{aligned}$$

Aus dem Enthalpiestrom in der Messebene werden die mittleren Enthalpien wie folgt bestimmt. Für die absolute Totalenthalpie gilt:

$$\overline{\overline{h}}_t = \frac{\int_{r^2_{\min}}^{r^2_{\max}} \overline{h}_t(r) \cdot \overline{\rho c}_{ax}(r) \cdot d(r^2)}{\int_{r^2_{\min}}^{r^2_{\max}} \overline{\rho c}_{ax}(r) \cdot d(r^2)} \qquad \text{mit :} \qquad \overline{\rho c}_{ax}(r) = \int_{\phi_{\min}}^{\phi_{\max}} \rho(r,\phi) \cdot c_{ax}(r,\phi) \cdot d\phi$$

Für die statische Enthalpie gilt:

$$\overline{\overline{h}} = \frac{\int_{r^2_{\min}}^{r^2_{\max}} \overline{h}(r) \cdot \overline{\rho c}_{ax}(r) \cdot d(r^2)}{\int_{r^2_{\min}}^{r^2_{\max}} \overline{\rho c}_{ax}(r) \cdot d(r^2)}$$

Für die relative Totalenthalpie gilt:

$$\overline{\overline{h}}_{t,rel} = \frac{\int_{r^2_{\min}}^{r^2_{\max}} \overline{h}_{t,rel}(r) \cdot \overline{\rho c}_{ax}(r) \cdot d(r^2)}{\int_{r^2_{\min}}^{r^2_{\max}} \overline{\rho c}_{ax}(r) \cdot d(r^2)}$$

Aus dem Entropiestrom die mittlere Entropie zu

$$\overline{\overline{s}} = \frac{\int_{r^2_{\min}}^{r^2_{\max}} \overline{s}(r) \cdot \overline{\rho c}_{ax}(r) \cdot d(r^2)}{\int_{r^2_{\min}}^{r^2_{\max}} \overline{\rho c}_{ax}(r) \cdot d(r^2)}$$

bestimmt.

In analoger Weise zur Mittelung für eine Teilung folgen die Drücke:

$$\begin{aligned}
\overline{\overline{p}}_{en} &= f(\overline{\overline{h}}, \overline{\overline{s}}) \\
\overline{\overline{\rho}}_{en} &= f(\overline{\overline{h}}, \overline{\overline{s}}) \\
\overline{\overline{p}}_{t,en} &= f(\overline{\overline{h}}_t, \overline{\overline{s}}) \\
\overline{\overline{p}}_{t,rel,en} &= f(\overline{\overline{h}}_{t,rel}, \overline{\overline{s}}) \\
\overline{\overline{\rho}}_{t,en} &= f(\overline{\overline{h}}_t, \overline{\overline{s}}) \\
\overline{\overline{\rho}}_{t,rel,en} &= f(\overline{\overline{h}}_{t,rel}, \overline{\overline{s}}).
\end{aligned}$$

- Die impulsgemittelten Geschwindigkeiten folgen aus:

$$\overline{\overline{c}}_{z,im} = \frac{\int_{r^2_{\min}}^{r^2_{\max}} \overline{c}_{z,im}(r) \cdot \overline{\rho c}_{ax}(r) \cdot d(r^2)}{\int_{r^2_{\min}}^{r^2_{\max}} \overline{\rho c}_{ax}(r) \cdot d(r^2)}$$

- Die massestromgemittelten Drücke werden nach

$$\overline{\overline{p}}_{z,ma} = \frac{\int\limits_{r^2_{\min}}^{r^2_{\max}} \overline{p}_{z,ma}(r) \cdot \overline{\rho c}_{ax}(r) \cdot d(r^2)}{\int\limits_{r^2_{\min}}^{r^2_{\max}} \overline{\rho c}_{ax}(r) \cdot d(r^2)} \qquad \text{wobei gilt}: \ \overline{p}_{z,ma} \ldots \overline{p}_{t,ma}, \overline{p}_{t,rel,ma}$$

bestimmt.

Außerdem wird für die Eulersche Gleichung der Mittelwert des Produktes $u \cdot c_u$ benötigt:

$$\overline{\overline{uc}}_{u,im} = \frac{\int\limits_{r^2_{\min}}^{r^2_{\max}} \overline{uc}_u(r) \cdot \overline{\rho c}_{ax}(r) \cdot d(r^2)}{\int\limits_{r^2_{\min}}^{r^2_{\max}} \overline{\rho c}_{ax}(r) \cdot d(r^2)}$$

- Der Massestrom wird aus

$$\dot{m} = \pi \int\limits_{r^2_{\min}}^{r^2_{\max}} \int\limits_{\phi_{\min}}^{\phi_{\max}} \rho(r,\phi) \cdot c_{ax}(r,\phi) \cdot d\phi d(r^2)$$

berechnet.

Bestimmung der Verlustbeiwerte auf Stromlinien:

- Korrektur des Massestromes: arithmetische Mittelung des Massestromes der 3 Messebenen

$$\dot{m}_m = \frac{\dot{m}_1 + \dot{m}_2 + \dot{m}_3}{3} \tag{A.25}$$

- Bestimmung der Radien der Stromlinien:

$$\dot{m}_2(r_2) = \frac{\dot{m}_m}{\dot{m}_2} \int\limits_{r^2_{\min}}^{r^2_2} \rho_2 c_{ax,2} d(r^2) \tag{A.26}$$

- die Radien der Stromlinien über den Rotor sind abgetastete Radien in Ebene 2 (ME4) nach dem Rotor, für diese Radien r_2 wird der Massestrom bestimmt und auf den mittleren Massestrom $\dot{m}_m$ bezogen.
  - die entsprechenden Radien für konstanten Massestrom in der Ebene 1 (ME3) vor dem Rotor werden wie folgt ermittelt:

$$\dot{m}_2(r_2) \stackrel{!}{=} \dot{m}_1(r_1) = \frac{\dot{m}_m}{\dot{m}_1} \int\limits_{r^2_{\min}}^{r^2_1} \rho_1 c_{ax,1} d(r^2) \tag{A.27}$$

Für die Bedingung $\dot{m}_2(r_2) \stackrel{!}{=} \dot{m}_1(r_1)$ werden iterativ die zugehörigen Radien r_1 bestimmt:

- damit sind die Radien r_1 und r_2 für den Verlauf der Stromlinien über den Rotor bekannt,
- der Stromlinienverlauf über den Stator mit den Radien r_2 und r_3 wird analog bestimmt.

- Bestimmung der Verluste über Rotor und Stator auf den Stromlinien:

$$\overline{\zeta}_{Rotor}(r_2) = \frac{\overline{p}_{t1,en,rel}(r_1) - \overline{\overline{p}}_{t2,en,rel}(r_2)}{\overline{p}_{dyn1,en,rel}(r_1)} \Big|_{\dot{m}=const.}$$

$$\overline{\overline{\zeta}}^{Stromlinie}_{Rotor} = \frac{\overline{\overline{p}}_{t1,en,rel} - \overline{\overline{p}}_{t2,en,rel}}{\overline{p}_{dyn1,en,rel,MS}}$$

$$\overline{\zeta}_{Stator}(r_2) = \frac{\overline{p}_{t2,en}(r_2) - \overline{\overline{p}}_{t3,en}(r_3)}{\overline{p}_{dyn2,en}(r_2)} \Big|_{\dot{m}=const.}$$

$$\overline{\overline{\zeta}}^{Stromlinie}_{Stator} = \frac{\overline{\overline{p}}_{t2,en} - \overline{\overline{p}}_{t3,en}}{\overline{p}_{dyn2,en,MS}}$$

Um Endverluste (Rand- und Spaltverluste) bestimmen zu können, wird eine Integrationsgrenze variabel gestaltet, so dass nachträglich nach Kenntnis der Verläufe auch diese Verlustanteile ermittelt werden können.

$$\zeta_{Ri} = \frac{1}{(r_a^2 - r_i^2)} \int_{r_i^2}^{r_\delta^2} \left(\overline{\zeta}_z - \zeta_p\right) d(r^2) \qquad \overline{\zeta}_z \ldots \overline{\zeta}_{Rotor}, \overline{\zeta}_{Stator}$$

$$\zeta_{Ra} = \frac{1}{(r_a^2 - r_i^2)} \int_{r_\delta^2}^{r_a^2} \left(\overline{\zeta}_z - \zeta_p\right) d(r^2)$$

A.3. Kalibrierung

Kalibrierung der Drucksonden:
Zu Beginn der Versuche müssen alle Komponenten kalibriert werden. Die Kalibrierung der Drucksonden erfolgt am Kalibrierkanal K200 des Instituts, Abbildung A.2. Er besitzt einen Düsendurchmesser von 200mm und ermöglicht Strömungsgeschwindigkeiten von 0...90m/s. Auf Grund der in der Messung geplanten unterschiedlichen Strömungsgeschwindigkeiten ist eine geschwindigkeitsabhängige Kalibrierung erforderlich. Die Drucksonden werden bei c=30m/s, 50m/s und 70m/s kalibriert.
Bei der Pitot-Sonde wird der δ-Winkel konstant bei 0° gehalten, während der α-Winkel von -80° bis +80° in 5° Schritten variiert wird. Dabei wird die von der Sonde angezeigte Gesamtdruckverteilung aufgezeichnet.

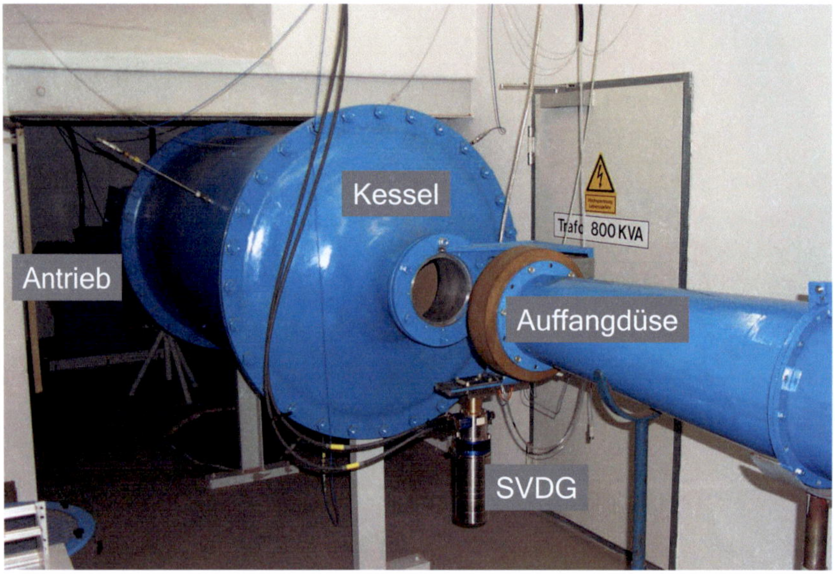

Abbildung A.2. Kalibrierkanal K200

Als Grundvoraussetzung für den Einsatz im NGV muss die Sonde den Gesamtdruck zwischen $-10°$ und $+10°$ voll anzeigen. In der weiteren Auswertung ist eine Totaldruckkorrektur nicht vorgesehen. In der Totaldruckverteilung der Sonde ist ein starker Druckabfall links und rechts von $\alpha \approx 0°$ zu verzeichnen, der die eigentlichen Stützwerte für die spätere Messverfahren liefert. Die Stützwerte werden als Funktion $\alpha_{korr} = f(\alpha_{links} + \alpha_{rechts})$ in einer Kalibrierdatei abgelegt, das bei der Messwerterfassung verwendet wird. Dabei sind α_{links} und α_{rechts} die beiden Winkel, bei denen der angezeigte Gesamtdruck gleich groß ist. Aus der Kalibrierkurve wird abhängig von der Differenz zwischen den tatsächlich eingestellten α_{links} und α_{rechts} Winkeln ein Korrekturwert für den tatsächlichen Strömungswinkel α ermittelt und eingestellt. Dieser Korrekturwert ist eine Funktion der eingestellten Winkeldifferenz und des Druckes an sich. Bei diesem ermittelten Winkel erfolgt dann die Totaldruckmessung.

Die Fünflochsonde muss ebenfalls am Kalibrierkanal kalibriert werden. Die Vorgehensweise ist hier anders als bei der Pitot-Sonde. Die Fünflochsonde wird in einem Bereich von $\delta = -30^\circ \ldots (5^\circ) \ldots -20^\circ \ldots (2^\circ) \ldots -6^\circ \ldots (1^\circ) \ldots +6^\circ \ldots (2^\circ) \ldots +20^\circ \ldots (5^\circ) \ldots +30^\circ$ kalibriert. Die Sonde wird dabei in der Schaftachse (α-Winkel) solange in die Strömung eingedreht, bis die Druckdifferenz zwischen den Bohrungen 4 und 5 gegen Null geht, siehe Abbildung 4.5 (Seite 43). Aus den gemessenen Drücken der Fünflochsonde werden nun die Kalibrierkurven für K_δ, K_r und K_q ermittelt:

$$K_\delta = \frac{p_{1s} - p_{3s}}{p_{2s} - \frac{1}{2} \cdot (p_{4s} + p_{5s})} = \frac{\Delta p_{13}}{\Delta p_{24}} \tag{A.28}$$

$$K_r = \frac{p_{t0} - p_{2s}}{p_{2s} - \frac{1}{2} \cdot (p_{4s} + p_{5s})} = \frac{\Delta p_t}{\Delta p_{24}} \tag{A.29}$$

$$K_q = \frac{p_{t0} - p_2}{p_{2s} - \frac{1}{2} \cdot (p_{4s} + p_{5s})} = \frac{\Delta p_{dyn2}}{\Delta p_{24}} \tag{A.30}$$

Von den ermittelten Kurven werden Stützwerte in einer Kalibrierdatei abgelegt, die für die Messerwertfassung mit der Fünflochsonde verwendet werden.

Kalibrierung der Drucksensoren:
Die Drucksensoren werden im eingebauten Zustand kalibriert. Dazu werden sie von einem internen Kalibriermodul mit verschiedenen Drücken beaufschlagt. Zu beachten ist, dass die Kalibrierung in der auf 23°C klimatisierten Messkabine durchgeführt wird und auch alle Messungen bei der gleichen Temperatur erfolgen müssen, um den Temperatureinfluss auf die Aufnehmer gering zu halten. Weiterhin muss vor jeder Messung ein täglicher Null-Abgleich durchgeführt werden, da die Sensoren zwar eine sehr gute Linearität besitzen, jedoch um den Null-Punkt leicht schwanken.

Kalibrierung der Temperatursensoren:
Die Kalibrierung der Thermoelemente und Widerstandsthermometer erfolgt mit Hilfe eines Kalibrators. Dies ist ein thermisch isoliertes Gefäß, welches ein Peltier-Element enthält und Platz für zwei Thermoelemente bietet. An einem eingebauten Zylinder, der gut wärmeleitend ist, werden die zwei Thermoelemente befestigt. Durch ein in den Zylinder eingebautes Widerstandsthermometer wird die aktuelle Temperatur genau gemessen. Der Bereich der Kalibrierung reicht von -10°C bis +40°C in 10K Schritten. Bei jeder Temperaturerhöhung wird solange gewartet, bis der Temperaturgradient am Widerstandsthermometer minimal wird. Auch hier wird die komplette Messkette, also Thermoelement und Multimeter, auf einmal kalibriert. Die angelegten Temperaturen liefern über die Multimeter Spannungen, die in die Kalibrierdateien eingetragen werden.

A.4. Versuchstechnik am NGV

Antriebsmotor:
Der Antriebsmotor des NGV kann von Hand über ein Potentiometer am Schaltpult gefahren werden. Üblich ist die Übernahme des automatischen Fahrregimes durch das Steuer- und Messwerterfassungsprogramm durch das der Antriebsmotor eine zuvor festgelegte bezogene Drehzahl erhält, siehe Gleichung A.3. Hier wird, unter Berücksichtigung der im Filterkorb an acht Stellen über dem Umfang gemessenen und arithmetisch gemittelten Eintrittstemperaturen, die Solldrehzahl berechnet und die Drehzahl auf Grund der sich ändernden Außentemperaturen angepasst. Die Istdrehzahl wird vom Steuer Rechner abgefragt und steht als Auswertungsgröße zur Verfügung. Die Drehzahl des Gleichstrommotors wird elektronisch mit einer Genauigkeit von $\pm 0.5 min^{-1}$ ($\pm 0.05\%$) eingestellt.

Drehmomentenmesswelle:
Das Bestimmen des Drehmoments erfolgt aus dem Spannungssignal der auf der Welle angebrachten Dehnmessstreifen. Für eine biegefreie Einleitung des Drehmoments in die Messwelle werden Bogenzahnkupplungen verwendet. Diese übernehmen den Ausgleich von Fluchtfehlern im Antriebsstrang. Die Genauigkeit der Drehmomentenmesswelle beträgt $\pm 0.02\%$ FS. Die Radreibungsverluste wurden durch spezielle Untersuchungen am NGV ermittelt und werden bei der Auswertung berücksichtigt, siehe Anhang A.1.

Drosselverstellung:
Zur Einstellung der Betriebspunkte wird ein ringförmiger Drosselkörper über 3 Spindeln von einem gepulsten Stellmotor positioniert. Das Untersetzungsverhältnis des Antriebes beträgt i=0.163mm je Motorumdrehung. Der Motor wird mit 2000 Impulsen pro Umdrehung gesteuert. Zusammen mit der eingesetzten elektronischen Steuerung SM400 ist eine Positioniergenauigkeit von 0.06mm möglich. Das entspricht einer Änderung des Gegendrucks von weniger als 10Pa.

Leitgitterverstellung:
Eine Besonderheit des NGV Dresden besteht darin, dass bei Strömungsfeldmessungen über der Leitgitterstellung nicht die Sonden in Umfangsrichtung verstellt, sondern alle Leitgitter synchron gedreht werden. Dadurch entfallen sonst erforderliche Schlitze im Gehäuse und deren komplizierte Abdeckung. Die Drehung der Leitgitter erfolgt über einen Zahntrieb und ein Kegelrad-Kombigetriebe mit einer Gesamtübersetzung von 10000 : 1. Mit der eingebauten Verstelleinrichtung können die Leitgitter um $\pm 18°$ mit einer Genauigkeit von 0.002° traversiert werden, wenn eine gleichbleibende Positionierrichtung beachtet wird.

Sondenverstellung:
Zur Sondenverstellung stehen zweiachsige Sondenverschiebe- und -drehgeräte (SVDG) mit koordinierter Achsenbewegung vom Typ MTU-SVDG-165-92 zur Verfügung. Damit können Sonden von 4mm bis 16mm Schaftdurchmesser um 165mm in radialer Richtung (translatorisch) über der Schaufelhöhe verschoben und $\pm 135°$ um die Sondenachse verdreht werden. Die Positionier- und Wiederholgenauigkeiten sind $< \pm 0.015$mm für die Translation und $< 0.03°$ für die Rotation. Die Verstellgeräte lassen sich in allen Messebenen an jeweils 12 Umfangspositionen (30° - Teilung) anbauen.

A.5. Messebenen

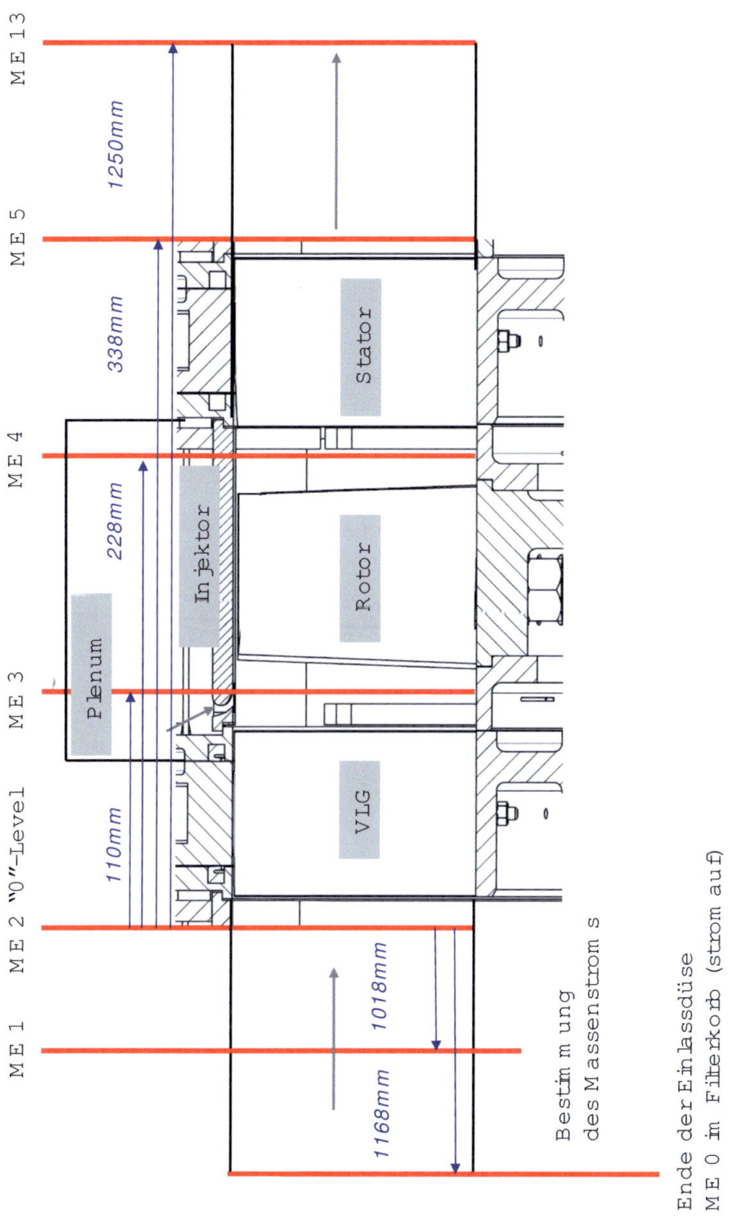

Abbildung A.3. Lage der Messebenen - NGV A18

A.6. Schema des Sekundärluftsystems

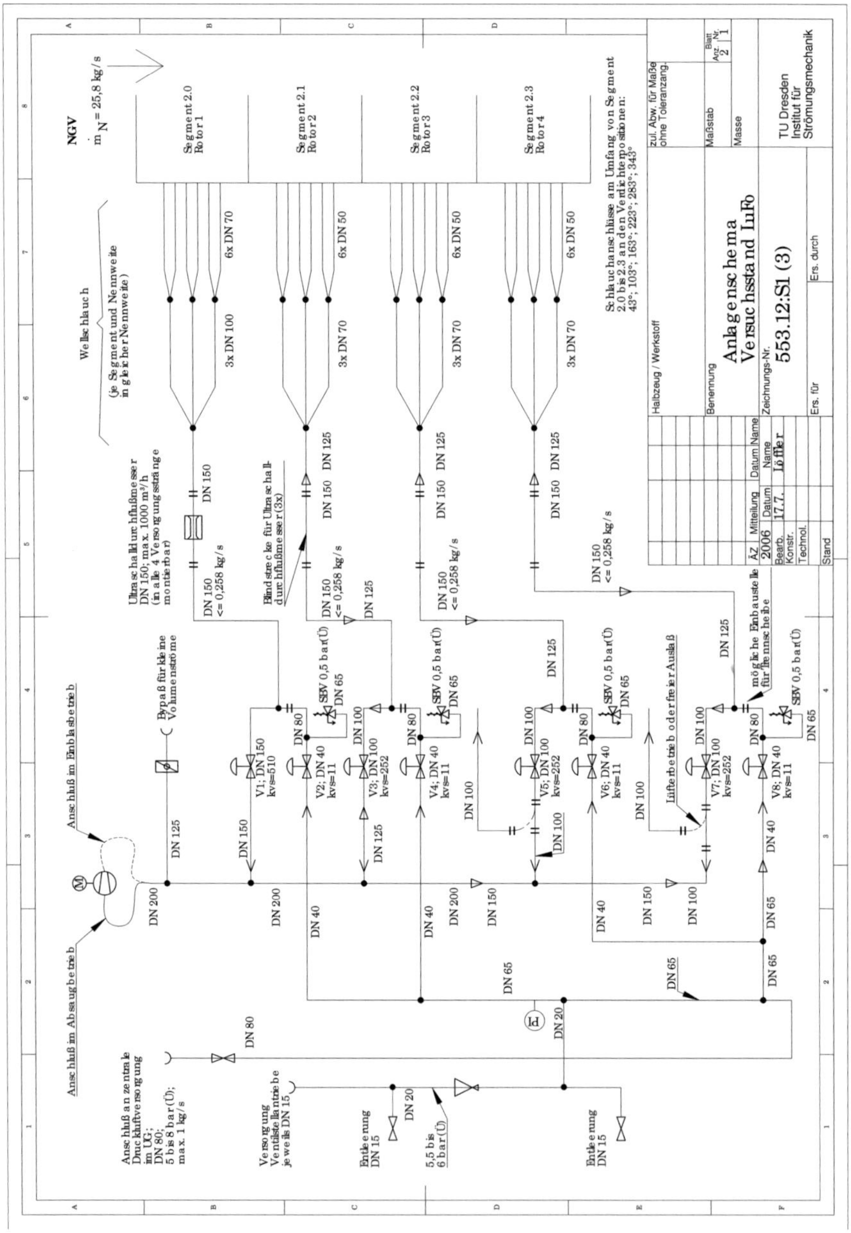

Abbildung A.4. Anlagenschema - Sekundärluftsystem

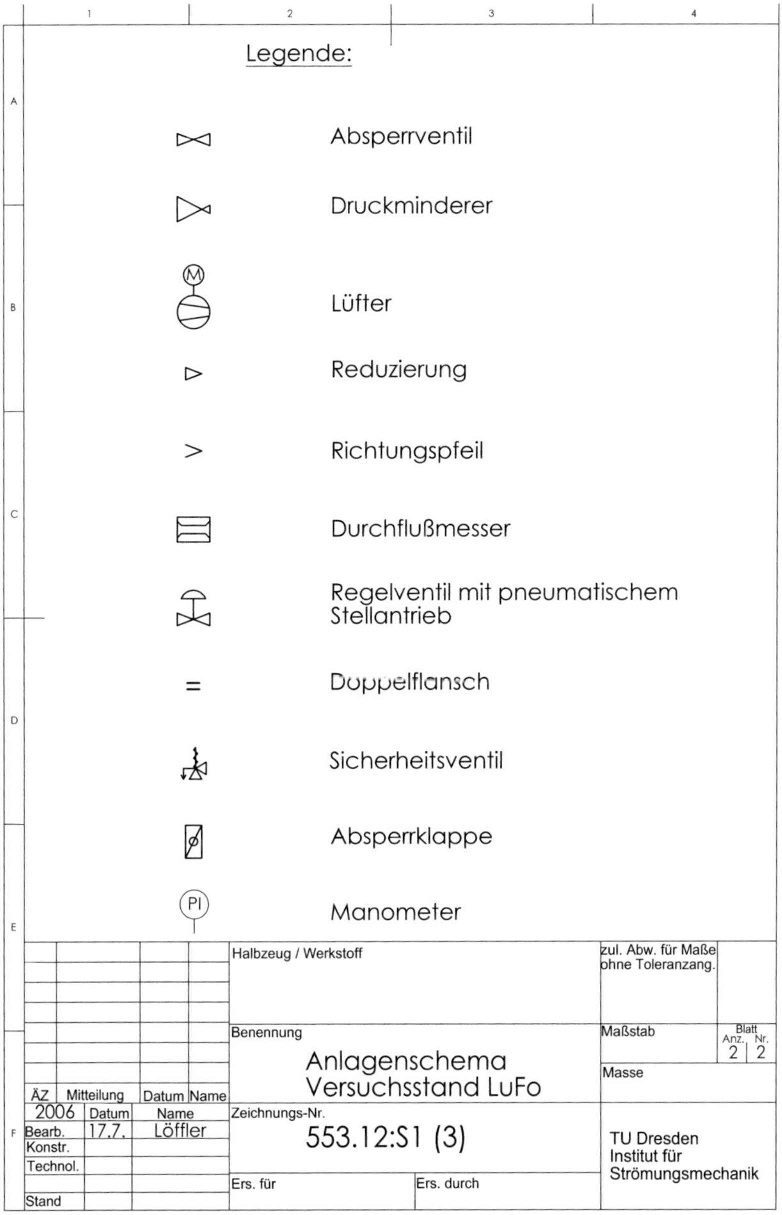

Abbildung A.5. Legende zum Anlagenschema

Literaturverzeichnis

[1] ADAMCZYK, J. J.: *Model Equations for Simulating Flows in Multistage-Turbomachinery.* ASME Paper No. 85-GT-226, 1985.

[2] ADAMS, N.: *Turbulente Strömungen, Einführung in die Berechnung turbulenter Strömungen.* Technische Universität Dresden, ISM, Version Sommersemester 2004, 2004.

[3] AGEB: *Pressedienst.* AG Energiebilanzen, Nr. 08/08, Berlin, 2009.

[4] ASHFORD, G. A., POWELL K. G.: *An unstructured grid generation and adaptative solution technique for high-Reynolds number compressible flow.* In: 27th Computational Fluid Dynamics, VKI Lecture Series 1996-06, Von Karman Institute for Fluid Dynamics, 1996.

[5] BDEW: *Zukunftsenergie 2020, Eckpunkte für ein energiepolitisches Konzept.* Bundesverband der Energie- und Wasserwirtschaft e.V., Berlin, 2009.

[6] BERICHT DES KOORDINATORS FÜR DIE DEUTSCHE LUFT- UND RAUMFAHRT: *Innovationspolitik, Informationsgesellschaft, Telekommunikation.* Bundesministerium für Wirtschaft und Technologie (BMWi), Berlin, 2009.

[7] BIGALK, J.: *Sekundärströmung in der Seitenwandgrenzschicht mehrstufiger Axialverdichter.* Dissertation, Leibniz Universität Hannover, Fakultät Maschinenwesen, ISM, Fortschritt-Berichte VDI, Reihe 7, Nr. 295, Hannover, 1995.

[8] BINDL, S., STÖSSEL, M., NIEHUIS, R.: *Stall Detection Within the Low Pressure Compressor of a Twin-Spool Turbofan Engine by Tip Flow Analysis.* ASME Paper No. GT2009-59032, 2009.

[9] BRENNSTOFF: *Energieforum.* Brennstoff, Wärme, Kraft - Das Energiefachmagazin, Band 53 Nr. 3:53, 2001.

[10] CASSINA, G., BEHESHTI, B. H., KAMMERER A., ABHARI, R. S.: *Parametric Study of Tip Injection in an Axial Flow Compressor Stage.* ASME Paper No. GT2007-27403, 2007.

[11] CUMPSTY, N.A.: *Compressor Aerodynamics.* Krieger Publishing Company, Malabar, Florida, 2004.

[12] D'ANDREA, R., BEHNKEN, R.L., MURRAY, R.M.: *Rotating Stall Control of an Axial Flow Compressor Using Pulsed Air Injection.* ASME Journal of Turbomachinery, Vol. 119, pp. 742-752, 1997.

[13] DAY, I.J.: *Active Suppression of Rotating Stall and Surge in Axial Compressors.* ASME Journal of Turbomachinery, Vol. 115, pp. 40-47, 1993.

[14] DOBRZYNSKI, B.: *Untersuchung von Methoden der aktiven Strömungsbeeinflussung zur Erweiterung des Arbeitsbereiches von Axialverdichtern.* Dissertation, Technische Universität

Braunschweig, Mitteilungen des Pfleiderer-Instituts für Strömungsmaschinen, Verlag und Bildarchiv W. H. Faragallah, Heft 13, Braunschweig, 2009.

[15] DOBRZYNSKI, B., SAATHOFF, H., KOSYNA, G., CLEMEN, C., GÜMMER, V.: *Active Flow Control in a Single-Stage Axial Compressor Using Tip Injection and Endwall Boundary Layer Removal.* ASME Paper No. GT2008-50214, 2008.

[16] DRIVER, D.M., SEEGMILLER, H.L.: *Features of a Reattaching Turbulent Shear Layer in Divergent Channel Flow.* AIAA Journal, Vol. 23, No.1, pp. 163-171, 1985.

[17] DÖSCHER, J.: *Numerische Simulation von verschiedenen Absaugungstopologien aus einem Rotor des NGV.* Institutsbericht B1630, Technische Universität Dresden, ISM, 2005.

[18] EHRHARDT, F.: *Numerische Simulation verschiedener Absaugungsmöglichkeiten am Niedergeschwindigkeitsverdichter der Technischen Universität Dresden.* Institutsbericht B1640, Technische Universität Dresden, ISM, 2006.

[19] EPSTEIN, A. H., FFOWCS WILLIAMS, J. E., GREITZER, E. M.: *Active Suppression of Aerodynamic Instabilities in Turbomachines.* ASME Journal of Propulsion and Power, Vol. 5, pp. 204-211, 1986.

[20] EULITZ, F.: *Numerische Simulation und Modellierung der instationären Strömung in Turbomaschinen.* Dissertation, DLR-Forschungsbericht, Köln, 2000.

[21] FERNHOLZ, H.: *Zur Umlenkung von Freistrahlen an konvex gekrümmten Wänden.* Deutsche Luft und Raumfahrt, Forschungsbericht 66-21, Habilitationsschrift, Technische Universität Berlin, Berlin, 1956.

[22] FFOWCS WILLIAMS, J. E., HARPER, M. F. L., ALLWRIGHT, D. J.: *Active Stabilization of Compressor Instability and Surge in a Working Engine.* ASME Journal of Turbomachinery, Vol. 115, pp. 68-75, 1993.

[23] FREEMAN, C., WILSON, A.G., DAY, I.J., SWINBANKS, M.A.: *Experiments in Active Control of Stall on an Aeroengine Gas Turbine.* ASME Journal of Turbomachinery, Vol. 120, pp. 637-647, 1998.

[24] FUJITA, H., TAKATA, H.: *A Study of Configurations of Casing Treatment for Axial Flow Compressors.* Bulletin of Japan Society of Mechanical Engineers, Vol. 27, 230, pp. 1675-1681, 1984.

[25] GYSLING, D. L., GREITZER, E. M.: *Dynamic Control of Rotating Stall in Axial Flow Compressors Using Aeromechanical Feedback.* ASME Journal of Turbomachinery, Vol. 117, pp. 307-319, 1995.

[26] HATHAWAY, M. D.: *Passive Endwall Treatments for Enhancing Stability,* Band Rhode-Saint-Genèse, Belgium, May 15-18. In: Advances in Axial Compressor Aerodynamics, VKI Lecture Series 2006-06, Von Karman Institute for Fluid Dynamics, 2006.

[27] HAYNES, J. M., HENDRICKS, G. J., EPSTEIN, A. H.: *Active Stabilization of Rotating Stall in a Three-Stage Axial Compressor.* ASME Journal of Turbomachinery, Vol. 116, pp. 226-240, 1994.

[28] HEMBERA, M., LOOS, A., KAU, H.-P., JOHANN, E.: *Comparing a 40 Mio Gridpoints Full-Annulus Computation with a 7 Mio Gridpoints Nonlinear Harmonic Computation.* AIAA Paper No. 2009-930, 2009.

[29] HIEKE, M.: *Aufbau, Test und Kalibrierung der Messtechnik am Gitterwindkanal.* Institutsbericht B1569, Technische Universität Dresden, ISM, Dresden, 2001.

[30] HILDEBRANDT, T.: *Weiterentwicklung von 3D Navier-Stokes-Strömungsrechenverfahren zur Anwendung in hochbelasteten Verdichter- und Turbinengittern.* Dissertation, Universität der Bundeswehr München, Fakultät der Luft- und Raumfahrttechnik, Wendelstein, München, 1998.

[31] HIRSCH, CH.: *Numerical Computation of Internal and External Flows.* Vol.1: Fundamentals and Numerical Discretizaton, John Wiley and Sons, 1988.

[32] HIRSCH, CH.: *Numerical Computation of Internal and External Flows.* Vol.2: Computational Methods for Inviscid and Viscous Flows, John Wiley and Sons, 1990.

[33] KITZING, H.: *Lehrbrief Fünflochsondenmessung.* Technische Universität Dresden, ISM, Dresden, 1988.

[34] KLEINERT, H.J.: *Taschenbuch Maschinenbau.* VEB Verlag Technik Berlin, Berlin, 1989.

[35] KÜNZELMANN, M.: *Entwicklung eines Hochdruckverdichters neuer Technologie mit Indiensstellung 2020, Validierung von Konzepten zur kontrollierten Einblasung und Absaugung in einem mehrstufigen Verdichter.* Abschlussbericht LuFo III und IV, Technische Universität Dresden, ISM, 2008.

[36] KÜNZELMANN, M., MÜLLER, R., MAILACH, R., VOGELER, K.: *Steady and Unsteady Flow Field in a Multistage Low-Speed Axial Compressor - A Test Case.* ASME Paper No. GT2008-50793, 2008.

[37] KÜNZELMANN, M., URBAN, R., MAILACH, R. AND VOGELER, K.: *Active Flow Control at a 1.5 Stage Low Speed Compressor with varying Rotor Tip Clearance.* IMechE Journal of Power an Energy, Vol. 225 Part A, pp. 886-896, 2011.

[38] KOCH, C.C., SMITH, L.H., JR.: *Experimental Evaluation of Outer Casing Blowing or Bleeding of Single Stage Axial Compressor, Part IV-Performance of Bleed Insert Configurations No.3.* NASA CR-54590, 1968.

[39] LUDWIG, G. R., NENNI, J. P.: *A Rotating Stall Control System for Turbojet Engines.* ASME Journal of Engineering for Power, Vol. 101, pp. 305-314, 1979.

[40] MAILACH, R.: *Experimentelle Untersuchung von Strömungsinstabilitäten im Betriebsbereich zwischen Auslegungspunkt und Stabilitätsgrenze eines vierstufigen Niedergeschwindigkeits-Axialverdichters.* Dissertation, Technische Universität Dresden, Fakultät Maschinenwesen, ISM, Fortschritt-Berichte VDI, Reihe 7, Nr. 410, Dresden, 2001.

[41] MAILACH, R.: *Vorlesung: Turboverdichter.* Technische Universität Dresden, ISM, Wintersemester, 2011.

[42] MAILACH, R., VOGELER, K.: *Unsteady Aerodynamic Blade Excitation at the Stability Limit and During Rotating Stall in an Axial Compressor.* ASME Journal of Turbomachinery, Vol. 129, pp. 503-511, 2007.

[43] MATTISKE, B.: *Experimentelle Untersuchung einer mehrstufigen Axialverdichterbeschaufelung mit Randzonenkorrektur.* Dissertation, Leibniz Universität Hannover, Fortschritt-Berichte VDI, Reihe 7, Nr. 252, Hannover, 1994.

[44] MIKOLAJCZAK, A. A., PFEFFER, A. M.: *Methods to Increase Engine Stability and Tolerance to Distortions.* Distortion Induced Engine Instability, AGARD Lecture Series 72, 1974.

[45] MÜLLER, R.: *Abschlussbericht zum BMWi Vorhaben 0327061.* Technische Universität Dresden, ISM, 2003.

[46] MÜLLER, R.: *Einfluss von Modifikationen der Vorderkantengeometrie auf die Sekundärverluste von Verdichtergittern.* Dissertation, Technische Universität Dresden, Fakultät Maschinenwesen, ISM, Turbomaschinen Bd. 1, Der andere Verlag, Dresden, 2004.

[47] MÜLLER, R., WOLF, E., KLUTTIG, H.: *Ergebnisse der Strömungsmessungen im Niedergeschwindigkeitsverdichter Dresden (Aufbau 4).* Bericht FSS 99-2, Technische Universität Dresden, ISM, Dresden, 1999.

[48] MTU AERO ENGINES: *Basis-Presseinformation, MTU Aero Engines arbeitet am Triebwerk von morgen.* http://www.mtu.de, München, 2010.

[49] NEUHAUS, L., WIEDERHOLD, O., NEISE, W., ENGHARDT, L., KING, R., SWOBODA, M.: *Active Flow Control to Improve the Aerodynamic Performance of Axial Turbomachines.* ASME Paper No. GT2009-60008, 2009.

[50] NITSCHE, W.: *Strömungsmesstechnik.* Springer Verlag, Berlin, 1994.

[51] NUMECA INTERNATIONAL: *License and User Manual FINE^{TM}/Turbo v7 (including Euranus), Non-Linear-Harmonic Setup and Theory.* Documentation v7a, Brussels, 2006.

[52] NUMECA INTERNATIONAL: *Support Note, Non-Linear-Harmonic Setup, Draft.* Brussels, 2006.

[53] NUMECA INTERNATIONAL: *Support Note, Non-Linear-Harmonic Theory, Draft.* Brussels, 2006.

[54] PADUANO, J.D., EPSTEIN, A.H., VALAVANI, L., LONGLEY, J.P., GREITZER, E.M., GUENETTE, G.R.: *Active Control of Rotating Stall in a Low-Speed Axial Compressor.* ASME Journal of Turbomachinery, Vol. 115, pp. 48-56, 1993.

[55] POPE, S.B.: *Turbulent Flows.* Cambridge University Press, 2000.

[56] PRANDTL, L.: *Über Flüssigkeitsbewegung bei sehr kleiner Reibung.* Verhandlung des III. Internationalen Mathematiker-Kongresses, Heidelberg 1904, S.484-491, Leipzig: Teubner, 1905.

[57] PYLIOURAS, S., KEGALJ, M., STARKE, C., SCHIFFER, H.-P.: *Consequences of Unsteady Wake Interaction in Multi-Stage Turbines.* ISABE Paper No. 2009-1261, 2009.

[58] RIESS, W., BLÖCKER, U.: *Possibilities for On-Line Surge Suppression by Fast Guide Vane Adjustment in Axial Compressors.* AGARD Conference Proceedings No. 421, 1987.

[59] ROBBINS, W. H., JACKSON, R. J., LIEBLEIN, S.: *Aerodynamic Design of Axial-Flow Compressors, VII - Blade-Element Flow in Annular Cascades.* NACA-RM-E55K01a, 1955.

[60] SAUER, H., BERNHARD, H.: *Bestimmung der mechanischen Verlustleistung des Niedergeschwindigkeitsverdichters.* Bericht FSV-96-2, Technische Universität Dresden, Institut für Energietechnik, Dresden, 1997.

[61] SAUER, H., BERNSTEIN, W., BERNHARD, H., BOOS, P., MÖCKEL, H.: *Konstruktion, Fertigung und Aufbau eines Verdichterprüfstandes und Aufnahme des Versuchsbetriebes an einem Niedergeschwindigkeits- Axialverdichter in Dresden.* Abschlußbericht zum BMBF-Vorhaben 0326758 A, Technische Universität Dresden, Institut für Energietechnik, Dresden, 1996.

[62] SCHEIDLER, S.G., MUNDT, C., METTENLEITER, M., HERMANN, J., HILLER, S.-J.: *Active Stability Control Of The Compression System In A Twin-Spool Turbofan Engine By Air Injection.* Symposium on Transport Phenomena and Dynamics of Rotating Machinery, Paper ID Number 073, Honolulu, Hawaii, March 07-11, USA, 2004.

[63] SCHLICHTING, H., GERSTEN, K.: *Grenzschicht-Theorie, 9. Auflage.* Springer-Verlag, Berlin, Heidelberg, 1997.

[64] SPALART, P. R., ALLMARAS, S. R.: *A one equation turbulence model for aerodynamic flows.* AIAA Paper No. 1992-0439, 1992.

[65] STRAZISAR, A.J., BRIGHT, M.M., THORP, S., CULLEY, D.E., SUDER, K.L.: *Compressor Stall Control Through Endwall Recirculation.* ASME Paper No. GT2004-54295, 2004.

[66] SUDER, K.L., HATHAWAY, M.D., THORP, S.A., STRAZISAR, A.J., BRIGHT, M.B.: *Compressor Stability Enhancement Using Discrete Tip Injection.* ASME Journal of Turbomachinery, Vol. 123, pp. 14-23, 2001.

[67] TAKATA, H., TSUKUDA, Y.: *Study on Mechanisms of Stall Margin Improvement of Casing Treatment.* ASME Journal of Engineering for Power, Vol. 99, pp. 121-133, 1977.

[68] TRITTIN, J.: *Kyoto-Abkommen.* BMU, Seiten 1–4, 2001.

[69] URBAN, R.: *Numerische Untersuchungen an einem 1.5 stufigen Axialverdichter mit aktiver Strömungskontrolle.* Diplomarbeit 1742, Technische Universität Dresden, ISM, 2010.

[70] VILMIN, S., LORRAIN, E., HIRSCH, C., SWOBODA, M.: *Unsteady Flow Modeling across the rotor/stator interface using nonlinear harmonic method.* ASME Paper No. GT2006-90210, 2006.

[71] VO, H. D., CAMERON, J. D., MORRIS, S. C.: *Control of Short Length-Scale Rotating Stall Inception on a High-Speed Axial Compressor With Plasma Actuation.* ASME Paper No. GT2008-50967, 2008.

[72] WEISS, A.: *Der Einfluß der Profilgeometrie auf die Entwicklung der Sekundärströmungen in Turbinengittern.* Dissertation, Universität der Bundeswehr München, Fakultät der Luft- und Raumfahrttechnik, München, 1993.

[73] WEIGL, H.J., PADUANO, J.D., FRECHETTE, L.G., EPSTEIN, A.H., GREITZER, E.M., BRIGHT, M.M., STRAZISAR, A.J.: *Active Stabilization of Rotating Stall and Surge in a Transonic Single-Stage Axial Compressor.* ASME Journal of Turbomachinery, Vol. 120, pp. 625-636, 1998.

[74] WILCOX, D.C.: *Turbulence Modeling for CFD.* Second Edition, DCW Industries, Inc., 2000.

[75] WILDE, G.L.: *Improvements in or Relating to Gas Turbines.* British Patent (701,576), filed June 28, 1950.

[76] WILKE, I., KAU, H.-P.: *Numerical Investigation of the Flow Mechanisms in a HPC Front Stage with Axial Slots.* ASME Paper No. GT2003-38481, 2003.

[77] WUEST, W.: *Strömungsmesstechnik.* Vieweg Verlag, Braunschweig, 1969.

[78] YANG, H., NUERNBERGER, D., NICKE, E., WEBER, A.: *Numerical Investigation of Casing Treatment with a Conservative Mixed-Cell Approach.* ASME Paper No. GT2003-38483, 2003.

[79] ZAHORANSKY, R. A.: *Energietechnik, Systeme zur Energiewandlung, Kompaktwissen für Studium und Beruf.* Vieweg und Teubner, GWV Fachverlage GmbH, Wiesbaden, 2009.

[80] ZSCHERP, C.: *Aerodynamische Verdichterauslegung unter Berücksichtigung stabilitätsverbessernder Maßnahmen.* Dissertation, Technische Universität Dresden, Fakultät Maschinenwesen, ISM, Sierke Verlag, Dresden, 2008.

[81] ZSCHIPPANG, A.: *Einblasung am NGV.* Institutsbericht B1665, Technische Universität Dresden, ISM, Dresden, 2008.